■ 畜禽病早防快治系列丛书

# 羊病早防快治

罗建勋　主编

［第二版］

中国农业科学技术出版社

**图书在版编目（CIP）数据**

羊病早防快治 / 罗建勋主编 .—2 版 .—北京：中国农业科学技术出版社，2018. 5

ISBN 978-7-5116-3568-6

Ⅰ. ①羊…　Ⅱ. ①罗…　Ⅲ. ①羊病-防治　Ⅳ. ①S858. 26

中国版本图书馆 CIP 数据核字（2018）第 044630 号

**责任编辑**　张国锋
**责任校对**　贾海霞

**出 版 者**　中国农业科学技术出版社
北京市中关村南大街 12 号　邮编：100081
**电　　话**　(010)82106636(编辑室)　(010)82109702(发行部)
(010)82109709(读者服务部)
**传　　真**　(010)82106631
**网　　址**　http://www.castp.cn
**经 销 者**　各地新华书店
**印 刷 者**　北京建宏印刷有限公司
**开　　本**　850mm×1 168mm　1/32
**印　　张**　7. 5
**字　　数**　210 千字
**版　　次**　2018 年 5 月第 2 版　2020 年 5 月第 2 次印刷
**定　　价**　28. 00 元

# 《羊病早防快治》(第二版)

## 编写人员名单


主　　编：罗建勋

副 主 编：殷　宏　李有全

参编人员：窦永喜　张克山　周绪正　独军政
高闪电　陈　泽　黄思杨　陈启伟
任巧云　杨吉飞　田占成　郭　宪
关贵全　刘志杰　刘光远　刘爱红
刘军龙　石　磊　赵索南　石红梅
朱跃明　乃比江　郝剑刚　康　强
何宗霖

# 前　言

近年来，随着我国农业产业结构调整和产业转型升级的大力推广，我国养羊业发展迅速，已成为牧区、农区和半农半牧区的一项重要产业。养殖规模的扩大和高密度集约养殖的发展，虽然有利于提高养殖效率，但也使疾病发生和流行风险加大，阻碍产业的转型升级和发展。羊各种疾病按致病因子的不同，羊病可分为传染病、寄生虫病和普通病三大类。本书第一部分介绍了这三类羊病的发生规律与综合防制方法，同时对羊病诊断、预防以及治疗等方面的技术和方法进行了较为全面的阐述；第二部分按照传染病、寄生虫病和普通病三大类疾病分类对各种疾病的致病原因、症状、诊断、预防以及治疗方法分别进行了详细介绍和阐述；最后，附录部分对当前可供临床应用的各种疫苗和药物做了较为详尽的介绍，同时收录了羊的各种正常生理指标以供参考。

本书既适合于广大临床兽医工作者及检疫检验人员阅读和参考，也适合于广大养羊从业人员阅读。由于编者水平有限，再加之时间和精力方面的限制，谬误之处在所难免，敬请读者不吝指正！

编者

2018. 4

# 目　录

## 第一部分　概　论

# 第二部分 各 论

# 第一部分　概　论

# 第一章

# 羊病的预防原则

## 第一节　引起羊病发生的主要因素

在羊的饲养过程中，有许多因素可以直接导致或间接诱发羊病，但归纳起来不外两大类：一是外部因素，二是内部因素。

### 一、外部因素

指羊生存环境中包含的各种致病因素，主要包括物理性致病因素、机械性致病因素、化学性致病因素、营养性因素以及生物源性致病因素。

1. 物理致病因素

主要是指生活环境的气候变化，包括气温、风力、降雨、日照、气压等因素，也包括周围环境由于人类活动所造成的某些环境因素的改变，如：噪声、光照、放射线等。这些因素达到一定强度或作用时间较长，均可导致羊病的发生。如：气温过高，日照过强，可导致羊发生中暑；气温过低，风力过大，易诱发羊只发生感冒；降水量过多，圈舍过于潮湿时，易导致腐蹄病的发生。

2. 机械性致病因素

主要包括打击、压迫、刺、钩、切、砍、咬等各种机械外力，它们可直接导致动物机体组织或器官的损伤。如：放牧者用棍棒驱赶动物时若用力过猛，常可导致羊的腰部或腿部的损伤；在饲草饲料内若掺杂有某些锐利的铁器，通过采食进入羊的瘤胃，常可导致创伤性网胃及心包炎；动物舍若因大风、暴雨或地震等自然灾害倒塌时，被砸动物常常表现骨折或死亡。

3. 化学性致病因素

主要分为两类，一是指作为消毒剂使用的强酸、强碱等化学物质，如：烧碱，动物接触后易导致烧伤。二是指重金属盐类、添加剂、农药等化学毒物或富含有害成分的饲草、饲料等，动物误食或过量食入后常可引起中毒。如：当羊过量采食富含氰苷配糖体的高粱苗、玉米苗、胡麻苗等时，常可导致氢氰酸中毒；当羊只接触、吸入和误食了某种农药时，常会发生农药中毒；尿素常作为羊的蛋白质添加剂使用，当饲喂过量或使用方法不当时，常会引起尿素中毒。

4. 营养性因素

动物机体代谢每天均需消耗一定量的糖类、蛋白质、脂肪、水、无机盐、维生素等，若饲料中各种营养成分缺乏或不平衡（某种营养成分不足或过剩），常会引起羊发生相应的疾病。如：在缺硒地区，若不能在饲料中获得补充，则会发生以骨骼肌、心肌发生变性为主要特征的白肌病，尤其多发生于羔羊；若在羔羊饲料中长期缺乏维生素 D 且日光照射不足或母乳和饲料中钙磷缺乏或比例不当，常可导致佝偻病；若母羊产羔期过肥，且饲料内含脂肪和蛋白质过多，而富含碳水化合物的饲料和粗纤维饲料不足，机体过度动员体内贮存的脂肪，加速体内酮体的合成，常会发生酮病。

5. 生物性致病因素

指存在于周围环境中的致病性微生物和寄生虫，主要包括：病毒、细菌、真菌、支原体、衣原体、螺旋体、立克次氏体、寄生虫等，它们的感染或寄生可引起羊的传染病或寄生虫病，这是对养羊业危害最严重的一类疾病。如：羊口蹄疫病、羊痘、羊口膜炎、羊炭疽、羊布氏杆菌病、羊传染性胸膜肺炎、羊衣原体病、羊无浆体病、羊附红细胞体病、羊肝片吸虫病、羊血吸虫病、羊绦虫病、羊血矛线虫病、羊肺丝虫病、羊鼻蝇蛆病、螨病、羊巴贝斯虫病、羊泰勒虫病及羊弓形虫病等。

## 二、内部因素

指动物机体自身的素质。羊的品种、年龄、性别、营养状况及免疫状态不同，对外部致病因素的敏感性和对致病微生物的抵抗力也各不相同。

1. 品种差异

羊的品种不同，对同种致病因素的反应也常不相同。通常绵羊比山羊敏感，引进的纯种羊比本地的土种羊敏感。如：绵羊比山羊更易患巴氏杆菌病和羊快疫；自山东引入甘肃的小尾寒羊比甘肃本地的土种羊更易患巴贝斯虫病和泰勒虫病。

2. 年龄差异

羊的年龄不同，对各种致病因素的反应也各不相同。如：幼龄羊生长发育较快，对各种营养成分的缺乏较敏感，易患白肌病或佝偻病等营养性疾病；成年羊体格健壮，食欲旺盛，采食量较大，当发生中毒时常常表现出较严重的症状；老龄羊抵抗力降低，当天气骤然发生变化时，常常首先患上感冒、中暑等疾病；羔羊比成龄羊和老龄羊对羊泰勒虫病更敏感，具有更高的发病率和死亡率。

3. 性别差异

羊的性别不同对某些疾病（尤其是生殖系统疾病）的敏感性不同。如：母羊比公羊对布氏杆菌病和弓形虫病的敏感性高；产科疾病主要发生于母羊。

4. 营养状况差异

营养状况好的羊比营养不良的羊对各种致病因素的抵抗力较强。如：当天气发生剧烈变化时，发病的常常是那些较瘦弱的羊只。

5. 免疫状况

严格按免疫程序给羊注射疫苗，可使动物机体产生针对相应病原的免疫力，有效地预防该种传染病的发生。

总之，羊病的发生，往往不是单一原因引起的，而是多种外部因素或外部因素与内部因素共同作用的结果。

## 第二节　羊病的分类

羊的疾病多种多样，为有助于人们更好地认识、诊断和防治疾病，有必要对羊病进行分类。根据引起疾病的原因可将羊病分为传染病、寄生虫病和普通病三个大类。

### 一、传染病

指由病原微生物（如细菌、病毒、支原体等）侵入羊体而引起的一类疫病，这是对畜牧业危害最严重的疾病，是制约养羊业发展最重要的因素，烈性传染病的发生常可导致羊只的大批死亡，并引起严重的畜产品卫生问题，某些人畜共患传染病还能给人类健康带来严重威胁。按引起疾病的病原微生物的种类又可以分为：病毒性传染病，如口蹄疫、小反刍兽疫、羊传染性脓疱病、羊痘、羊狂犬病、蓝舌病等；细菌性传染病，如羊炭疽、破伤风、羊布氏杆菌病、羊副结核病、羔羊大肠杆菌病、坏死杆菌病、羊快疫、羊肠毒血症、羊猝狙、羊黑疫等；支原体病，如羊传染性胸膜肺炎；衣原体病，如羊衣原体病；螺旋体病，如羊钩端螺旋体病；立克次氏体病，如羊附红细胞体病。

### 二、寄生虫病

指原虫、蠕虫、节肢动物通过不同途径感染或侵袭机体，并在羊体内或体表暂时性地或永久地寄生，对羊的健康、生长发育及生产性能造成损害，甚至导致大批死亡的一类疾病。按引起寄生虫病的病原种类又可分为：吸虫病，如肝片吸虫病、血吸虫病等；绦虫病，如莫尼茨绦虫病、棘球蚴病、脑多头蚴病等；线虫病，如捻转血矛线虫病、肺线虫病、旋毛虫病等；外寄生虫病，如蜱病、螨病及羊鼻蝇蛆病等；原虫病，如巴贝斯虫病、泰勒虫病、弓形虫病、球虫病等。

寄生虫侵入羊体后，大多要经过一个时间长短不一的移行过程，最终到达特定的寄生部位进行发育，其对羊的危害贯穿于移行和寄生的全过程，主要表现如下。

（1）在移行过程中引起宿主组织或器官的机械性损伤。如羊的网尾线虫在支气管或肺部移行，可引起肺炎；羊疥螨寄生于羊的表皮层，并掘凿隧道进行发育和繁殖，皮肤发红增厚，继而出现丘疹、水泡，以后形成痂皮，剧痒无比，由于动物不能正常休息、采食，常致衰竭死亡。

（2）掠夺营养，吞噬或破坏组织细胞，引起宿主营养不良、消瘦、贫血、黄疸、水肿和发育受阻。如羊消化道线虫病和羊绦虫等。

（3）分泌、释放一些有害代谢产物或毒素，引起羊发热或中毒。如棘球蚴破裂，囊液进入血液循环后引起动物严重的过敏症状，严重时休克死亡。

（4）通过诱导机体强烈的免疫反应而引起寄生组织或器官的严重病理损伤。如积集于肝脏的血吸虫虫卵可诱发宿主的免疫细胞浸润，继而形成肉芽肿、肝硬化、腹水等病变。

（5）压迫或阻塞宿主器官组织，如感染脑包虫的羊后期由于蚴体增大，压迫脑髓，会引起宿主脑贫血、萎缩、半身不遂、视神经营养不良、运动机能受损等症状。

## 三、普通病

指由非生物性致病因素引起的一类疾病，包括除传染病和寄生虫病以外的所有疾病，习惯上又可分为以下几种。

（1）内科病。主要包括：消化系统疾病，如食道阻塞、前胃迟缓、瘤胃积食、瘤胃臌气、创伤性网胃炎及心包炎等；呼吸系统疾病，如肺炎、感冒等；营养代谢性疾病，如酮病、羔羊白肌病、佝偻病、绵羊食毛症等。

（2）外科病。如腐蹄病、腰扭伤、骨折等。

(3) 产科病。如流产、难产、胎衣不下、子宫内膜炎、乳房炎等。

(4) 中毒病。如亚硝酸盐中毒、氢氰酸中毒、尿素中毒、各种农药中毒等。

将羊病按疾病的性质进行分类，有助于人们对导致疾病的原因进行分析，从而有针对性地制定有效的预防和治疗措施。

## 第三节 羊病的预防原则

羊病的防治必须坚持“预防为主”的方针，认真贯彻《中华人民共和国动物检疫法》和国务院颁发的《家畜家禽防疫条例》的有关规定，采取加强饲养管理、搞好环境卫生、开展防疫检疫、定期消毒和驱虫、预防中毒等综合预防措施，将饲养管理工作和防疫工作紧密结合起来，以达到预防疾病的目的。羊病的种类不同，预防过程中的侧重点也不同。如：普通病的预防重点在于加强饲养管理、搞好环境卫生、避免接触利器和毒物等致病因素等；传染病的预防则主要针对传染病流行过程的 3 个基本环节，即传染源、传播途径和易感动物，采取疫情报告和诊断、检疫、隔离和封锁、消毒、免疫接种和药物预防等措施；寄生虫病预防原则的制订则主要建立在寄生虫的生物学研究基础上，如：血吸虫和梨形虫病预防以消灭中间宿主和传播媒介为主，消化道蠕虫的防治则主要靠成虫成熟前驱虫，螨和蜱则主要以定期进行药浴为主。但不同种类羊病的预防又是密不可分的，如：若由于环境恶劣，可使羊患上感冒，抵抗力降低，而继发巴氏杆菌病、支原体性肺炎等传染病。因而，羊病的预防必须采取包括“养、防、检、治”四个基本环节的综合性措施。

### 一、加强饲养管理

#### （一）合理组织放牧

牧草是羊的主要食物，放牧是羊群采食获取营养的重要方式。因此，合理组织放牧，与羊的生长发育好坏和生产性能的高低有着十分密切的联系，应根据农区、牧区草场的不同特点，以及羊的品种、年龄、性别的差异，分别编群放牧。为了合理利用草场，减少牧草浪费和羊群感染寄生虫的机会，应推行划区轮牧制度。

### （二）适时进行补饲

羊属于反刍动物，虽然放牧是其获取营养的主要方式，但当冬季草枯、牧草营养下降或放牧采食量不足时，必须进行补饲，特别是对正在发育的幼龄羊、怀孕和哺乳期的成年母羊进行合理的补饲尤为重要。种公羊如仅靠平时放牧，营养需要难以满足，在配种期间则更需要保证较高的营养水平，因此，种公羊多采取舍饲方式，并按饲养标准进行饲喂。

### （三）妥善安排生产环节

养羊的主要生产环节是：鉴定、剪毛、梳绒、配种、产羔和育羔、羊羔断奶和分群。每一生产环节的安排，应尽量在较短时间内完成，以尽可能增加有效放牧时间；如某一环节影响了放牧，要及时给予适当的补饲。

### （四）坚持自繁自养、严进严出的原则

羊场或养羊专业户应选养健康的良种公羊和母羊，自繁自养，尽可能做到不自场外引种，尽量做到全进全出，这不仅可大大减少入场检疫的工作量，而且可有效地避免因新羊引入而带进新的传染源。若因品种改良或生产规模扩大需要必须自外地引入羊只时，则必须严格执行检疫制度。

检疫是应用各种诊断方法对羊及其产品进行疫病（主要是传染病和寄生虫病）检查，并采取相应的措施，以防疫病的发生和传播。为了做好检疫工作，必须有一定的检疫手续，以便在羊流通的各个环节中，做到层层检疫，环环相接，互相制约，从而杜绝疫病的传播蔓延。羊从生产到销售，要经过出入场检疫、收购检疫、运输检疫和屠宰检疫，涉及外贸时，还要进行进出口检疫。出入场检疫是所有检疫

中最基本最重要的检疫，只有经过检疫而未发生疫病时，方可让羊及其产品进场或出场。羊场或养羊专业户引进羊时，只能从非疫区购入，经当地兽医检疫部门检疫，并签发检疫合格证明书；运抵目的地后，再经本场或专业户所在地兽医验证、检疫并隔离观察1个月以上，确认为健康者，经药浴、驱虫、消毒，对尚未接种疫苗的羊只必须补注，然后方可与原有羊群合并。羊场采用的饲料和用具，最好从安全地区购入，并在应用前进行清洗、消毒，以防疫病传入。

## 二、搞好环境卫生，坚持消毒制度

养羊的环境主要包括羊圈、场地、用具、鼠害、虫害、饲草、饮水等，环境卫生状况的好坏与疾病的发生存在着密切的联系。据统计，采用清扫方法，可使畜舍内的细菌数减少20%左右；如果清扫后再用清水冲洗，则畜舍内的细菌数可减少50%以上；清扫冲洗后再用药物喷雾消毒，畜舍内的细菌数可减少90%以上。因此，对环境卫生经常进行机械清扫和化学消毒，搞好环境卫生，是预防疾病的重要环节。

### （一）环境卫生

为了净化周围环境，减少病原微生物的滋生和传播疾病的机会，对羊的圈舍、活动场地及用具等要经常进行清扫，保持洁净、干燥；粪便和污物要及时清除，并堆积发酵；饲草饲料应尽量保持新鲜、清洁和干燥，防止发霉变质；固定牧业井或以流动的河水作为饮用水，有条件的地方可建立自动卫生饮水池，以保证饮水的卫生。

蝇、蚊、蜱等节肢动物是病原体的宿主和携带者，常可作为某些传染病和寄生虫病的传播媒介，因此，消灭或减少这些媒介昆虫的数量，在预防传染病和寄生虫病方面有着重要的意义。通过清除羊舍周围的杂物、垃圾和杂草堆，填平死水坑，也可以喷灯火焰喷烧昆虫聚居的墙壁、用具等的缝隙，或以火焰焚烧昆虫聚居的垃圾废物，也可用烘烤箱将水槽或用具进行消毒，以杀灭这些物品上的昆虫虫卵，减少昆虫的来源；可采用倍硫磷、溴氰菊酯（敌杀死）等杀虫剂每月在羊舍内外和蚊蝇容易滋生的场所喷洒2次，但不可喷洒于饲料仓库、鱼塘等处；在4—9月蜱的活动季节，应定期进行药浴，以杀死羊体表寄生的媒介蜱，避免将其带入圈舍并在圈舍内定居，给疫病的防治埋上祸根。

鼠类除能给人民经济生活造成巨大损失外，对动物健康也有极大的危害。它是多种人畜共患病的传播媒介和传染源，也可以传播炭疽、布鲁氏杆菌病、结核病、李氏杆菌病、巴氏杆菌病、口蹄疫等多种羊的传染病，因此灭鼠对于预防羊病具有重要意义。灭鼠工作应从两方面进行：一方面根据鼠类的生态学特点防鼠、灭鼠。圈舍最好使用钢门密封，使鼠类不能进入圈舍；采用混凝土制作墙面、地面，若发现洞穴，应及时封堵，使鼠类无藏身之所；应经常保持圈舍及场区周围的整洁，及时清除饲料残渣，将饲料保藏在鼠类不能进入的房舍内，使鼠得不到食物。另一方面则是采取多种方法直接杀灭鼠类。除采用捕鼠夹扑杀外，最常用的是药物灭鼠，较常用的药物有敌鼠钠盐、安妥、磷化锌等。敌鼠钠盐对人畜毒性低，常用于住房、畜舍、仓库灭鼠，比较安全，常用0.05%的药饵，即将本品用开水化成5%溶液，然后按0.05%与谷物或其他食饵混匀即可。投放毒饵需连续4~5天，因为多次少量食入比一次大量食入效果更佳。敌鼠钠盐是一种抗凝血性药物，鼠食后可使其内脏、皮下等处出血而死亡。使用时应慎防发生人畜中毒，如发生中毒，可用维生素$K_1$注射液解救。

### （二）消毒

消毒是贯彻“预防为主”方针的一项重要措施，其目的是消灭传染源散播于外界环境中的病原体，以切断传播途径，阻止疫病的传入或蔓延。羊场应建立确实可行的消毒制度，定期对羊舍（包括用具）、地面土壤、粪便、污水、皮毛进行消毒。

1. 根据消毒目的可以分为以下3种情况

（1）预防性消毒：是指结合平时的饲养管理对畜舍、场地、用具和饮水等进行定期消毒，其目的是为了预防一般传染病的发生。

（2）紧急消毒：是指在发生传染病或受到传染病威胁时，为了及时消灭刚从病羊体内排出的病原体而采取的消毒措施，消毒的对象包括病羊所在的圈舍、隔离场地以及被病羊分泌物、排泄物污染和可能污染的一切场所、用具和物品，通常在解除封锁前，进行定期的多次消毒，其目的是为了阻止疫病的扩散和蔓延。

（3）终末消毒：在病羊解除隔离、痊愈或死亡后，或者在疫区解除封锁之前，为了消灭疫区内可能残留的病原体所进行的全面彻底的消毒，其目的是为了净化饲养场地，根除疫病隐患。

2. 根据消毒的对象又可分为羊舍消毒、地面消毒、粪便消毒、污水消毒和皮毛消毒等

（1）羊舍消毒：一般首先进行机械清扫，然后用消毒液进行消毒。用化学消毒剂进行消毒时，消毒液的用量以羊舍内每平方米面积用1升药液计算。常用的消毒药由2%~4%火碱（氢氧化钠）、10%~20%石灰乳、10%漂白粉溶液，0.5%~1.0%菌毒敌（原名浓乐，同类产品有农福、农富、菌毒灭等）、0.5%~1.0%二氯异氰脲酸钠（以此药为主要成分的商品消毒剂有“强力消毒灵”“灭菌净”“抗毒威”等）、0.5%过氧乙酸等。消毒方法是将消毒液盛于喷雾器内，先喷洒地面，然后喷洒墙壁，再喷天花板，最后再打开门窗通风，用清水刷洗饲槽、用具，将消毒药的药味除去。如羊舍有密闭条件，可关闭门窗，用福尔马林熏蒸消毒12~24小时，然后开窗通风24小时。福尔马林的用量为每立方米空间12.5~50.0毫升，加等量水一起加热蒸发，无热源时，也可加入高锰酸钾（每立方米用30克），即可产生同样效果。在一般情况下，羊舍消毒每年可进行两次（春秋各一次）。产房的消毒，在产羔前应进行一次，产羔高峰时进行一次，产羔结束后再进行一次。在病羊舍、隔离舍的入口处应放置浸有消毒液的麻袋片或草垫，消毒液可用2%~4%氢氧化钠、1%菌毒敌（对病毒性疾病）或10%克辽林溶液。

（2）地面土壤消毒：土壤表面可用10%漂白粉溶液、4%福尔马林溶液或10%氢氧化钠溶液。停放过芽孢杆菌所致传染病（如炭疽）病羊尸体的场所，应严格进行消毒，首先用10%漂白粉溶液喷洒地

面，然后将表层土壤铲除15~20厘米，取下的土应与20%漂白粉溶液混合后再行深埋。其他传染病所污染的地面土壤，则可先将地面翻一下，深度约30厘米，翻地的同时撒上干漂白粉（用量为每平方米面积0.5千克），然后用水浇湿、压平。如果放牧地区被某种病原体污染，一般利用自然因素（阳光、干燥等）来消除病原体；如果污染面积不大，则应使用化学消毒药消毒。

（3）粪便消毒：羊的粪便消毒方法有多种，对一般微生物和寄生虫来讲，最常用的方法是生物热消毒法，即在距羊场100~200米的地方设一个粪场，将羊粪堆积起来，上面覆盖10厘米厚的沙土，堆放发酵30天左右，即可用作肥料。但若为炭疽芽孢杆菌污染的粪便，则必须进行焚烧，若进行深埋，深度应不得浅于2米。

（4）污水消毒：最常用的方法是将污水引入污水处理池，加入化学消毒药品（如漂白粉或其他氯制剂）进行消毒，用量一般为每升污水2~5克。

（5）皮毛消毒：羊患炭疽病、口蹄疫、布氏杆菌病、羊痘、坏死杆菌病等，其羊皮羊毛均需消毒。应当注意，羊患炭疽病时，严禁从尸体上剥皮，存储的原料皮中，即使是只发现一张患炭疽病的羊皮，也应将整批曾与接触过患病羊的皮张统统进行消毒。皮毛的消毒，目前广泛应用环氧乙烷气体消毒法。消毒时必须在密闭的专用消毒室或密闭性良好的容器（常用聚乙烯薄膜制成的棚布）内进行。在室温15℃下，每立方米密闭空间使用环氧乙烷0.4~0.8千克，维持12~48小时，相对湿度在30%以上。此法对细菌、病毒、霉菌均有较好的消毒效果，对皮毛等产品中的炭疽芽孢也有较好的杀灭作用。

## 三、免疫接种

疫苗接种能激发羊体产生对某种传染病的特异性抵抗力，使其对该种疫病由敏感转为不易感。除某些烈性传染病外，某一地区流行的疫病具有相对的稳定性，养殖场或专业户应对本地区常见疫病进行免疫接种，这是有效预防和控制传染病的重要措施之一。各地区、各羊场存在的传染病不同，预防这些传染病所需的疫苗也就各异，免疫期长短也不一致，因此，羊场往往需要多种疫苗来预防不同的传染病，这就要求应根据各种疫苗的免疫特点和本地区的发病动态，合理安排疫苗的种类、免疫次数和间隔时间，这就是所谓的免疫程序。如使用“羊梭菌病四联氢氧化铝菌苗”重点预防羊快疫和肠毒血症时，应在历年发病前 1 个月接种疫苗；当重点预防羔羊痢疾时，应在母羊配种前 1~2 个月或配种后 1 个月左右进行免疫接种。目前国内还没有一个统一的羊传染病的免疫程序，只能在实践中探索，不断总结经验，制定出适合本地、本羊场具体情况的免疫程序。

## 四、药物预防

羊场可能发生的疫病种类很多，其中有些疫病可用疫苗接种方法进行预防，但仍有多种疫病尚未研制出有效疫苗，有些疫病虽有疫苗但实际应用还有问题，因此对这些疾病实施药物预防便显得尤为重要。药物预防是指将适量的药物拌入饲料中或溶在饮水中进行的群体药物预防。常见的药物有磺胺类药物、抗生素、磺胺呋喃类药物等。药物占饲料或饮水的比例因药物种类的不同而不同，如磺胺类药物的预防量为 0.1%~0.2%，四环素族抗生素预防量为 0.01%~0.03%，磺胺呋喃类药物预防量为 0.01%~0.02%，一般连用 5~7 天，必要时也可酌情延长。但如长期使用化学药物预防，容易产生耐药性菌株，影响药物的预防效果。因此，要经常进行药敏试验，选择有高度敏感性的药物用于防治，并且最好将几种药物交替使用，这样可延缓耐药性菌株产生的速度。此外，成年羊服用土霉素等抗生素时，常会引起肠道菌群失调等副反应，应引起注意。

饲料添加剂可促进羊的生长发育，且可增强其抗感染的能力。目前广泛使用的饲料添加剂中，含有多种维生素、无机盐、氨基酸、抗氧化剂、抗生素、中草药等，且每年都在研究改进添加剂的成分和用量，以便不断提高羊的生产性能和抗病能力。

微生态制剂是根据微生态学原理，利用机体正常的有益微生物或其促进物质合成的一类新型活菌制剂，近10年来国内外发展很快，广泛应用于人类、动物和植物。用于动物者称为动物微生态制剂，目前国内已有促菌生、乳康生、调痢生、健复生等10余种制剂。这类制剂的特点是，具有调整动物肠道菌群比例失调、抑制肠道内病原菌增殖、防止幼畜下痢等功能，并有促进动物生长、提高饲料利用率等作用。本品粉剂可供拌料（用量为饲料的0.1%~2.0%），片剂可供口服，应避免与抗菌药物同时服用。

## 五、组织定期驱虫

驱虫是指用驱虫药或杀虫剂杀灭存在于羊体内或体表寄生虫的全过程。寄生虫在动物体内或体表生活的这个阶段是生活史中较易被人们突破的环节，相反，当它们存在于自然界中时，虽然缺少庇护，但由于较隐藏、散布又广，而难以对付。因而对动物进行驱虫不仅仅是消极的治疗，而是对寄生虫病进行积极预防的重要措施。

在羊驱虫前最好禁食，夜间不放不喂，早晨空腹时进行投药，但由于几乎所有的驱虫药都不能杀灭蠕虫子宫中的虫卵或已排入消化道和呼吸道中的虫卵，若羊在驱虫过程中或驱虫尚未结束前便到处游走，动物排泄物中含有大量虫卵或崩解的虫体节片，势必会到处散布污染草场或周围环境。为了使驱虫成为消除寄生虫携带者和保护外界环境不受污染的行动，驱虫的全过程应在专门制定的场所进行，直到被驱出的病原物质排泄完毕后才能将动物放出，驱虫后排出的粪便应闷肥发酵，进行无害化处理。

“成熟前驱虫”主要应用于某些蠕虫，是乘一种蠕虫在动物宿主体内尚未成熟排卵之前进行的驱虫。该方法的主要优点在于：①可将虫体消灭于成熟产卵之前，这就从根本上防止了虫卵或幼虫对外界环境的污染；②可阻断宿主病程的发展，有利于保护羊的健康。“成熟前驱虫”的时间要根据寄生虫的生活史、流行病学特点以及所用驱虫药的性能而定。

目前，对寄生虫病的防治多采用定期驱虫，一般一年两次，多安排在每年春季的3—4月和秋季的10—12月，这样有利于羊的抓膘、安全越冬和度过春乏期。这一程序较好掌握，并已被畜牧生产实践证明效果较好。常见的驱虫药很多，如：对肝片吸虫特效的肝蛭净，能驱除多种线虫的左旋咪唑，可驱除多种绦虫和吸虫的吡喹酮，可驱除部分吸虫、大部分绦虫和几乎全部线虫的丙硫苯咪唑，既可驱除线虫又可杀灭多种外寄生虫的阿维菌素和伊维菌素。在实践中，应根据本地区羊的寄生虫流行情况选择适当的药物种类、给药时机和给药途径。

药浴是防治羊体外寄生虫病（特别是羊螨病、蜱）的重要手段。常用的药物有：蝇毒磷、磷丹、螨净（二嗪农）、溴氰菊酯、杀灭菊酯等。药浴可在药浴池内或使用特制的药淋装置，也可以人工将羊抓到大盆或大锅内逐只进行。

## 六、预防中毒

中毒病的发生主要是由于羊采食了有毒饲草饲料、过量食入某种添加剂、误食农药或过量使用化学药物进行治疗所引起。为有效预防该类疾病的发生，应采取如下措施。

（1）防止动物采食有毒植物。山区、农区或草原地区生长的大量野生植物，是羊的良好天然饲料来源，但有些植物对羊是有毒的。如玉米、高粱等的幼苗和亚麻籽中均含有较多量的氰苷，氰苷本身无毒，但在酶、细菌或胃酸的作用下可转化为有毒的氢氰酸，从而造成氢氰酸中毒，使动物陷入组织缺氧状态而窒息死亡。

（2）不饲喂霉败饲料。要将饲料贮存于干燥、通风的地方，以防发生霉败；饲喂前要仔细检查，如果已经发霉，应废弃不用。

（3）注意饲料的调制、搭配和贮藏。有些饲料本身含有有毒物质，饲喂时必须加以调制。如棉籽饼含有一种叫棉酚的物质，对羊具有蓄积性毒性，经高温处理后可减毒，减毒的棉籽饼与其他饲料混合饲喂则不会再发生中毒；有些饲料，如马铃薯，若贮藏不当，其中的有毒物质龙葵素会大量增加，对羊有害，因此应贮存在避光的地方，防止变青发芽，饲喂时也要同其他饲料按一定比例搭配。

（4）妥善保存农药及化肥。一定要把农药和化肥放在仓库内，由专人负责保管，以免被羊当作饲料或添加剂误食，引起中毒，被污染的用具或容器应消毒处理后再使用。对其他有毒药品如灭鼠药的运输、保管、使用也必须严格保管，以免羊接触后发生中毒。

（5）防止水源被毒物污染。对喷洒过农药或施有化肥的农田排放的水，不应用作饮用水；对工厂附近排出的水或池塘内的死水，也不宜让羊饮用。

# 第二章

# 羊病的诊断要点

诊断是通过检查，对疾病的本质加以判断，其目的是为了判定疾病的性质，掌握疾病发生和发展规律，为羊病的防治提供依据。羊病的诊断是防治工作的前提，只有及时准确地作出诊断，防治工作才能有的放矢，否则往往会盲目行事，贻误时机，给养羊业带来重大损失。羊病诊断常用的方法包括临床诊断、病理剖检和实验室诊断。由于每种羊病的特点各不相同，所以需要根据具体情况进行综合诊断，有时只需要采用其中的一两种方法便可以作出诊断。

## 第一节　临床诊断

### 一、病羊的体征和行为观察

羊属于群牧性家畜，对疾病耐受力较强，在患病初期症状往往表现不明显，如果不细心观察，很难发现症状。饲养人员在日常饲养管理过程中或兽医人员在疾病诊断过程中要细心观察羊群的体征和行为变化，以便及早发现疾病，及早治疗。

#### （一）羊的放牧观察

羊在放牧游走采食时，健康无病的羊采食快，争先恐后吃草，对周围环境保持高度警惕，一有意外的声音或物体影响很容易引起惊吓或躲避，而患病的羊则常常落在群体后面，跟不上群，有时呆立一旁，不采食或采食较慢，有时跛行，病情较严重时，常卧倒在一旁。有些羊表现出喜欢舔食泥土、吃草根等慢性营养不良性异嗜癖；食欲废绝，说明病情严重；若想吃而不敢咀嚼，口腔和牙齿可能有病变。

### （二）羊的头部状况观察

羊的头部表现最能反映出羊的健康状况。眼神明亮、敏感、耳朵灵活，这是健康羊的表现；反之，若眼神呆滞、多泪、眼屎较多，鼻子流出黏液，头部被毛粗乱，则为病羊表现；患有某些疾病时，可导致头部肿大。

### （三）羊的表皮观察

一般健康羊的被毛紧密、不脱落、有弹性、有光泽，毛中有油汗，头部触毛灵敏。病羊被毛焦黄、无光泽、易脱、枯干，有时毛有毡结；健康羊的皮肤红润有弹性，病羊皮肤苍白、干燥、增厚、弹性消失、有痂皮或龟裂、流脓液、有肿块等。如羊患螨病时，常表现为被毛脱落、结痂、皮肤增厚和蹭痒擦伤等现象。除此以外，还应注意观察有无水肿、炎症肿胀和外伤等。

### （四）羊休息时的观察

健康羊休息时先用前蹄刨土，然后曲膝而卧，在躺卧时多为右侧腹部着地，成斜卧姿势，把蹄子伸在体外；当受到惊吓时立即惊起，有人走近时立即远避，不容易被捉住；休息时均匀，有正常反刍行为。病羊则不加选择地随地躺卧，常在阴湿的角落卧地不起，挤成一团，有时羊向某个部位弯曲，流鼻涕，呼吸急促；当受惊吓时无力逃跑，反刍停止或不正常。

### （五）羊的粪便及尿液观察

健康羊排粪呈椭圆球形状，两头尖，有时粪球连接在一起，粪便颜色为黑褐色，有时稍浅。病羊的粪便如牛粪状或稀糊状，有时粘在股部，有时带有黏液、脓血、虫体等。但有时羊在换季采食饲草时，如由枯草期改为青草放牧时期，羊有暂时性拉稀，此为正常现象。

健康羊每天排尿 3~4 次，尿液清亮、无色或稍黄。羊排尿过多或过少和尿量过多或过少，尿液的颜色发生变化以及排尿痛苦、失禁或尿闭等，都是得病的症状。

## 二、病羊的一般检查

通过上述对病羊观察后，如发现可疑时，要进一步检查，以判断病情，作出进一步的诊断。

### （一）眼结膜和鼻的检查

用右手拇指与食指拨开上下眼皮看结膜颜色，健康羊结膜为淡红色、湿润。羊的鼻镜部位潮湿、发红，鼻孔周围干干净净，湿鼻孔无黏液流出。病羊的结膜苍白（无血色）或发黄（如巴贝斯虫病的晚期），赤紫色（如亚硝酸盐中毒），鼻孔周围有大量鼻涕和脓液，常打喷嚏，有时有虫体喷出（如羊鼻蝇幼虫）。

### （二）口腔的检查

用食指和中指从羊嘴角处伸进口腔，拉出舌头看舌面。健康羊舌面红润，口腔颜色潮红。病羊舌面有苔，呈黄、黑赤、白色，或有溃疡、脓肿，口内有臭味，舌面干燥。

### （三）心脏及脉搏的检查

用听诊器听心脏跳动，部位在左侧由前数第三至第六肋骨之间处。健康羊心音清晰，跳动强有力。切脉是用手伸进后肢内侧摸股动脉，健康羊脉动每分钟70~80次。

### （四）肺部及呼吸的检查

将耳贴在羊的肺部（也可用听诊器），听肺的呼吸音。健康羊呼吸持续时间长，发出“夫夫”的声音；病羊呼吸短促，发出“呼噜、呼噜”的水泡音，似拉风箱音。

胸壁与腹壁同时一起一伏为一次呼吸，可用听诊器在气管或肺区听取呼吸音来计数。健康羊每分钟呼吸10~20次。当患有热性病、呼吸系统疾病、心脏衰弱、贫血、中暑、胃肠臌气、瘤胃积食等疾病时，呼吸次数增加；某些中毒病或代谢障碍等，可使羊呼吸次数减少。此外，还应结合检查呼吸类型、呼吸节律及呼吸是否困难等项目。

（五）反刍及消化道的检查

羊是反刍动物，饮喂后30分钟开始出现反刍，每昼夜反刍6~8次，每次反刍持续30~40分钟，每一食团咀嚼50~70次。病羊常停止反刍或反刍迟缓，次数减少。

如动物表现有吞咽障碍并有饲料或水从鼻孔返流时，应对咽与食道进行检查，以发现是否存在咽部炎症或食道阻塞现象。如动物反刍异常，应注意腹围的变化与特点。左侧腹围扩大，除采食大量青饲料等生理情况外，多见于瘤胃积食和积气，特别以左侧为明显；右侧腹围膨大，除母羊妊娠后期外，主要见于真胃积食及瓣胃阻塞；下腹部膨大，如腹水。腹围容积缩小，主要见于长期饲喂不足、食欲扰乱、顽固性下痢、慢性消耗性疾病（如贫血、营养不良、寄生虫病、副结核等）。

（六）体表淋巴结的检查

体表淋巴结的检查，在诊断某些疾病上具有重要意义。通常检查的淋巴结主要为肩前淋巴结和股前淋巴结，主要检查淋巴结的大小、形状、硬度等。如羊患有泰勒虫病时，常表现出肩前及股前淋巴结肿胀。

（七）体温的检查

一般用手触摸羊的耳根或将手指插入口腔，即可感知病羊是否发烧，但最准确的方法是用兽用体温计进行直肠测温。具体方法是：将体温表的水银面用力甩到35℃以下，沾上水或其他润滑剂，将水银球一端从肛门口边旋转边插入直肠内，然后将体温表用夹子固定在尾根部的被毛上，经3~5分钟后取出，读取水银柱顶端的刻度数，即为羊的体温度数。正常羊的体温在38.5~40.0℃，一般幼羊比成年羊的体温要偏高一些，热天比冷天高些，下午比上午高些，运动后比运动前高些，这均属正常生理现象。如果体温超过正常范围，则为发烧。

## 三、兽医临床检查最基本的方法

基本的临床检查方法主要包括问诊、视诊、嗅诊、触诊、叩诊和听诊。由于这些方法简单、方便、易行，对任何病例、在任何场合均可实施，并且多可直接地、较为准确地作出诊断，所以一直被广泛地应用。

### （一）问诊

问诊就是以询问的方式搜集病史的过程。通过听取宿主或饲养管理人员关于羊发病的情况和经过的介绍，确定诊断疾病的方法。问诊的主要内容包括：现病历、既往病史、饲养管理情况等。

1. 现病历

即关于现在发病的情况与经过。其中应重点了解以下情况。

（1）发病的时间与地点：如饲喂前或饲喂后，舍饲时或放牧中，清晨或夜间，产前或产后等，不同的情况和条件，可揭示不同的可能性疾病，并可借以估计可能的致病原因。

（2）疾病的表现：宿主或饲养管理人员所见到的有关疾病现象，如腹痛不安、咳嗽、喘息、便秘、血尿，反刍减少与不反刍等。这些内容常是揭示假定的症状诊断的线索。必要时可提出某些类似的征候、现象，要宿主解答。

（3）病的经过：目前与开始发病时疾病程度的比较，是减轻或加重；症状变化，又出现了什么新的症状或原有的什么现象已消失；是否经过治疗，用了什么方法与药物，效果如何等。这不仅可推断病势的进展情况，而且依治疗经过的效果验证，可作为诊断疾病的参考。

（4）宿主所估计到的致病原因：如饲喂不当、接触农药或有毒饲草等，常是我们推断病因的重要依据。

（5）羊群的发病情况：羊群中其他羊只是否发病，邻舍或附近场、村最近是否有什么疾病流行等，这可作为判断是否疑似传染病的依据。

2. 既往病史

即过去羊或羊群的病史。其中的主要内容为：病羊或羊群过去患病的情况，是否发生过类似疾病，其经过与结局如何，过去的检疫结果或是否被划定为某些疫病的疫区，本地区或附近场在疫情及地区性的常见病，预防接种的内容及实施的时间、方法、效果等。这些资料，对现病与过去疾病的关系以及对传染性疾病和地方性疾病的分析上都有很重要的实际意义。

3. 饲养管理情况

包括羊群的规模大小、羊的品种、年龄、性别；放牧还是舍饲；饲粮的种类、数量与品质，补充矿物质的种类和数量，饮水的质量与数量，饲喂制度与方法、羊舍的卫生和环境条件等。饲料品质不良与日粮配合得不当，经常是营养不良、消化紊乱、代谢失调的根本原因；而饲料与饲养制度的突然改变，又常是引起羊的前胃疾病及肠道疾病的原因；饲料发霉，放置不当而混入毒物，加工或调制方法的失误而形成有毒物质等，可成为饲料中毒的条件。羊舍的卫生和环境条件主要包括光照、通风、保暖与降温、废物排出设备、畜床与垫草等，还包括运动场、牧场的位置、地形、土壤特性、供水系统、气候条件等，附近厂矿的三废（废水、废气及污物）的污染和处理等。环境条件的卫生学评定在推断病因上应给予特别重视。

## （二）视诊

指用肉眼直接地观察发病羊只或羊群的整体概况或其某些部位的状态，经常可搜集到很重要的症状、资料。视诊是接触病羊，进行客观检查的第一个步骤，其主要内容如下。

1. 观察其整体状态

如体格的大小、发育的程度、营养的状况、体质的强弱、躯体的结构、胸腹及肢体的匀称性等。

2. 判定其精神、体态、姿势、运动与行为

如精神的沉郁或兴奋，静止间的姿势改变或运动中的步态变化，

转圈运动等。

3. 发现其表被组织的变化

如被毛状态，皮肤及黏膜的颜色及特性，体表的创伤、溃疡、疹疱、肿物等，外科病变的位置、大小、形状及特点。

4. 检查某些与外界直通的体腔

如口腔、鼻腔、咽喉、阴道等，注意其黏膜颜色的改变及完整性的破坏，并确定其分泌物、排泄物的数量及形状。

5. 注意其某些生理活动异常

如呼吸动作、有无喘息、咳嗽、采食、咀嚼、吞咽、反刍等活动有无异常，有无呕吐、腹泻、排便、排尿的姿态异常，注意粪便、尿液的数量、颜色与性状等。

视诊是深入羊舍、巡视羊群时的重要内容，是在羊群中早期发现病羊的重要方法。视诊的一般程序是先观看羊群，判断其总的营养、发育状态并发现患病的个体；而对个体病羊则先观察其整体状态，继而注意其各个部位的变化。为此，一般应先距病羊一定距离（约2米），以观察其全貌；然后由前到后、由左到右地边走边看，围绕病羊行走一周，以作细致的观察；先观察它静止姿态的变化，再观察其在运动过程中的步态改变。

### （三）嗅诊

嗅诊是用鼻子嗅出羊的各种分泌物或呼出气体的气味而为疾病诊断提供线索的方法。如羊患大叶性肺炎，出现肺坏疽时，鼻液或呼出的气体常带有腐败性恶臭；患胃肠炎时，粪便腥臭或恶臭；消化不良时，可从呼出的气体中闻到酸臭味；有机磷制剂中毒时，可从胃内容物和呼出的气体中闻到有机磷特有的大蒜味。

### （四）触诊

用手指、手掌或拳头触压被检部位，感知其硬度、温度、压痛、移动性和表现状态，以确定病变的位置、大小和性质的检查方法。

1. 浅步触诊

检查者将手掌平放在被检部位，按一定顺序触摸，或以手指及指尖稍加力量于被检部位，以检查是否正常。一般用来检查皮肤温度、皮肤弹性、肌肉紧张度及敏感性。也可用于体表淋巴结的检查。

皮肤弹性及敏感度的检查方法为：以拇指和食指捏紧皮肤向上提起，然后突然松开，正常皮肤应立即复状，当羊营养不良，患有皮肤疾病或全身脱水时，皮肤则失去弹性；中枢或神经末梢麻痹时，则相关神经的敏感性降低或消失。

2. 深部触诊

指用不同的力量对患部进行按压，以便进一步探知病变的性质。

触压肿胀部位，呈现生面团状，指压后长时间留有痕迹。无热、无痛，为组织水肿的表现；当触压感觉发硬，并伴有热痛感觉，此为组织间有血肿、脓肿或淋巴外渗的表现；按压时感觉柔软，稍有弹性且不时发出细小捻发音，并有气泡向临近组织窜动感，为皮下聚集大量气体的表现。

触诊瘤胃或真胃内容物的形状及腹水的波动时，常以一只手放在羊的背腰部作支点，另一只手四指伸直并拢，垂直放在被检部位，指端不离开体表，用力作短而急促的触压。触诊网胃区（剑状软骨后方）或瓣胃区（羊右侧第6~9肋间和肩关节水平线上下）时，如发生前胃疾患，病羊会感觉疼痛，哞叫、呻吟或表现骚动不安。

（五）叩诊

通过用手指或叩诊器（叩锤或叩诊板）叩打羊体表的相应部位所发出的声音，来判定被叩击的组织、器官有无病理变化的一种诊断方法。

1. 基本叩诊音

叩诊健康羊可发出四种基本叩诊音。

（1）清音，是指叩击健康羊的胸廓时所发出的持续、高而清亮的声音。

（2）浊音，是指叩击健康羊的臀部、肩部肌肉及不含空气的脏器时所发出的弱而钝浊的声音。如：当羊胸腔聚集大量渗出液时，叩打胸壁，可出现水平浊音界。

（3）半浊音，是指介于浊音和清音之间的一种声音。叩打肺部的边缘时，即可产生半浊音。患支气管肺炎时，肺泡含气量减少，叩诊肺部可产生半浊音。

（4）鼓音，是指叩打含一定量气体的腔体时，所发出的类似击鼓的声音。如叩诊左侧瘤胃的上部可发出鼓音，当瘤胃鼓气时，则鼓音增强。

2. 叩诊方法

（1）手指叩诊法，即检查者以左手食指和中指紧密贴在被检处充当叩诊板，右手的中指稍弯曲，以中指的指尖或指腹作叩诊锤，向左手的第二指节上叩打，则可听到被检部位的叩诊音，此法适用于对羔羊及瘦弱成年羊的检查。

（2）用叩诊器叩诊，即选用人医上用的小型叩诊锤和叩诊板，以左手拇指和食指（或中指）固定叩诊板，使之紧贴在羊的体表，右手握锤，用同等力度垂直作短而急的叩打，辨别其声音类型，并注意与对侧进行对比。

### （六）听诊

指直接或间接听取体内各种脏器所发出声音的性质，进而判断其病理变化的方法。临床上常用于心脏、肺脏及胃肠道疾病的检查。

1. 听诊方法

（1）直接听诊法。用一块大小适当的布（听诊布）贴在被检部位，检查者将耳朵直接贴在布上进行听诊。此法常用于胸、肺部的听诊，其效果往往优于间接听诊。

（2）间接听诊法。是指借助听诊器进行的听诊，听诊器的头端要紧贴于体表，防止相互间摩擦而影响效果。

2. 羊主要脏器的听诊方法与特点

（1）心脏的听诊。听诊区位于羊左侧肘突内的胸部，健康羊的心脏随着心脏的收缩和扩张产生“嘣”第一心音和“咚”第二心音，第一心音低、钝而长，与第二心音的间隔时间较短，听诊心尖部位较清楚；第二心音高、锐而短，与第一心音的间隔时间较长，听诊心的基部较明显；两个心音构成一次心搏动，听诊时要注意两个心音的强度、节律和性质有无异常。第一、第二心音均增强，常见于热性病的初期；第一、第二心音均减弱，常见于心脏机能障碍的后期、渗出性胸膜炎和心包炎；第一心音增强并伴有明显的心搏动增强和第二心音的减弱，多见于心脏衰弱的晚期；单纯第二心音增强，常见于肺气肿、肺水肿和肾炎等病理过程；如在以上两种心音以外还存在其他杂音，如摩擦音、拍水音和产生第三心音（又称“奔马调”），常见于胸膜炎、创伤性心包炎和瓣膜疾病。

（2）肺脏的听诊。听取肺脏在吸气和呼气时由肺部直接发出的声音。一般有下列 6 种声音。① 肺泡呼吸音。听诊健康羊的肺部，在吸气时可听到“夫”的声音，呼气时可听到“呼”的声音，它是空气在毛细支气管和肺泡之间进出时发出的声音，其音性柔和。当病羊发烧时，呼吸中枢兴奋，局部肺组织代偿性呼吸加强，肺泡呼吸音增强或过强，常见于支气管炎和支气管黏膜肿胀等。② 支气管呼吸音。其声音较粗，类似“赫”的声音，在羊呼气时容易听到，在肺的前下部听诊较明显，它是空气通过声门裂隙时所发出的声音。如果在广大肺区都可听到支气管呼吸音，而且肺泡呼吸音相对减弱，则为支气管呼吸音增强，多见于肺炎的肝变期，如羊的传染性胸膜肺炎。③ 干性啰音。是支气管发炎时分泌物黏稠或炎性水肿造成狭窄时听到的类似笛音、哨音、“咝咝”声等粗糙而响亮的声音，常见于慢性支气管炎、支气管肺炎和肺线虫病等。④ 湿啰音。当支气管内有稀薄的分泌物时，随呼吸气流形成的类似漱口音、沸腾音或水泡破裂音。常见于肺水肿、肺充血、肺出血、各种肺炎和急性支气管炎等。⑤ 捻发音。当肺泡内有少量液体存在时，肺泡随气流进出而张开、闭合，此时即产生一种细小、断续、大小相等而均匀，似用手指捻搓头发时所发出的声音。肺实质发生病变时，如慢性肺炎、肺水肿等可出现这种呼吸音。⑥ 摩擦音。类似粗糙的皮革相互摩擦时发出的断续性的声音。常见有两种情况：一种是发生于肺脏与胸膜之间称为胸膜摩擦音，多见于纤维素性胸膜炎、胸膜结核等，此时胸膜发炎，有大量纤维素沉积，使胸膜变得粗糙，当呼吸运动时互相摩擦而发出声音；另一种为心包摩擦音，在纤维素性心包炎时，听诊心区有伴随心脏跳动的摩擦音。

（3）腹部的听诊。主要是听取腹部胃肠蠕动的声音。在健康羊的左侧肷窝处可听到瘤胃的蠕动音，声音由远而近、由小到大的劈啪、沙沙音，到蠕动高峰时，声音由近而远、由大到小，直到停止蠕动，这两个过程为一次收缩运动，经过一段休止后再开始下一次的收缩运动，平均每两分钟 4~6 次。当羊发生前胃迟缓或患发热性疾病时，瘤胃蠕动音减弱或消失。在健康羊的右侧腹部可听到短而稀少的流水音或漱口音，即为肠蠕动音。当羊患肠炎的初期，肠音亢进，呈持续高昂的流水声；发生便秘时肠音减弱或消失。

## 四、临床常见症状及可能原因分析

### （一）流产

（1）传染病：施马伦贝格病毒感染，边界病毒感染，布鲁氏杆菌感染，沙门氏菌感染，胎儿弯曲杆菌感染，土拉杆菌感染，衣原体感染，支原体感染，钩端螺旋体感染等。

（2）寄生虫病：弓形虫感染，住肉包子虫感染等。

（3）营养代谢病：妊娠毒血症，维生素 A 缺乏，营养不良等。

（4）其他原因：跌倒，顶碰，挤压，惊吓，药物及食物中毒等。

### （二）呼吸困难

（1）传染病：绵羊肺腺瘤病，支原体感染，巴氏杆菌感染，链球菌感染，结核杆菌感染，梅迪维斯纳病，肺炎衣原体感染等。

（2）寄生虫病：肺线虫感染，鼻蝇蛆病。

（3）营养代谢病：无。

（4）其他原因：异物性肺炎，过敏性肺炎等。

### （三）拉稀

（1）传染病：副结核病，沙门氏菌感染，大肠杆菌感染，小反刍兽疫，轮状病毒感染，魏氏梭菌性感染等。

（2）寄生虫病：球虫感染，隐孢子虫感染等。

（3）营养代谢病：发霉饲料。

（4）其他原因：中毒性疾病，饲喂青绿饲料等。

（四）猝死

（1）传染病：羊快疫，羊肠毒血症，羊黑疫，炭疽，破伤风。

（2）寄生虫病：无。

（3）营养代谢病：无。

（4）其他原因：中毒，日射病，氢氰酸中毒，亚硝酸盐中毒。

（五）跛行

（1）传染病：羊口蹄疫，蹄型羊口疮等。

（2）寄生虫病：脑脊髓丝状虫病。

（3）营养代谢病：维生素D缺乏、钙和磷不足或比例失调。

（4）其他原因：外伤引起蹄部受伤，饲养环境恶劣引起的腐蹄病。

（六）神经系统疾病

（1）传染病：李斯特菌感染，伪狂犬病，狂犬病，山羊关节炎-脑炎，痒病等。

（2）寄生虫病：脑包虫。

（3）营养代谢病：无。

（4）其他原因：外伤引起的脑部神经受损。

（七）皮肤病

（1）传染病：羊痘、羊口疮，放线杆菌感染，葡萄球菌感染，皮肤霉菌感染等。

（2）寄生虫病：羊疥螨病。

（3）营养代谢病：微量元素缺乏导致的脱毛。

（4）其他原因：机械性皮肤损伤。

## 第二节　病理剖检

病理剖检是对羊病进行现场诊断的一种重要诊断方法。羊发生了传染病、寄生虫病或中毒性疾病时，器官和组织常呈现出特征性病理变化，通过剖检便可快速作出诊断。如羊患炭疽病时，表现尸僵不全，迅速腐败、膨胀，全身出血，血呈黑色、凝固不良，脾脏肿大2~5倍，淋巴结肿大等；羊患肠毒血症时，除肠道黏膜出血或溃疡，肾脏常软化如泥；山羊患传染性胸膜肺炎时，肺实质发生肝变，切面呈大理石样变化；羊患肝片吸虫病时，胆管常肥厚扩张，呈绳索状，突出于肝的表面，胆管内膜粗糙不平等。在实践中，有条件应尽可能剖检病羊尸体，必要时可剖杀典型病羊。除肉眼观察外，必要时可采取病料送有关部门进行病理组织学检查。

### 一、尸体剖检注意事项

剖检所用器械要预先用高压锅进行消毒。剖检前应对病羊或病变部位进行仔细检查，如怀疑为炭疽病时，应先采耳尖血涂片镜检，排除后方可进行剖检。剖检时间越早越好（一般不应超过24小时），特别是在夏季，尸体腐败后影响观察和诊断。剖检时应保持清洁，注意消毒，尽量减少对周围环境和衣物的污染，并做好个人防护。剖检后将尸体和污染物作深埋处理，在尸体上洒上生石灰或撒上10%石灰乳、4%氢氧化钠、5%~20%漂白粉溶液等。污染的表层土壤铲除后投入坑内，埋好后对埋尸地面要再次进行消毒。

### 二、剖检方法和程序

为了全面系统地观察尸体内各组织、器官所呈现的病理变化，尸体剖检必须按照一定的方法和程序进行。尸检程序一般如下。

#### （一）外部检查

主要包括羊的品种、性别、年龄、毛色、特征、营养状况、皮肤等一般情况的检查，死后变化，口、眼、鼻、耳、肛门和外生殖器等天然孔检查，并注意可视黏膜的变化。

## （二）剥皮与皮下检查

1. 剥皮方法

尸体仰卧固定，由下颌间隙经过颈、胸、腹下（绕开阴茎或乳房、阴户）至肛门作一纵切口，再由四肢系部经其内侧至上述切线作 4 条横切口，然后剥离全部皮肤。

2. 皮下检查

应注意检查皮下脂肪、血管、血液、肌肉、外生殖器、乳房、唾液腺、舌、眼、扁桃体、食道、喉、气管、甲状腺、淋巴结等的变化。

## （三）腹腔的剖开与检查

1. 腹腔剖开与腹腔脏器的取出

剥皮后使尸体左侧卧位，从右侧肷窝部沿肋骨弓至剑状软骨切开腹壁，再从髋关节至耻骨联合切开腹壁。将此三角形的腹壁向腹侧翻转即可暴露腹腔。检查有无肠变位、腹膜炎、腹水或腹腔积血等异常。在横隔膜之后切断食道，用左手插入食道断端握住食道向后牵拉，右手持刀将胃、肝脏、脾脏背部的韧带和后腔静脉、肠系膜根部切断，即可取出腹腔脏器。

2. 胃的检查

从胃小弯处的瓣皱胃孔开始，沿瓣胃大弯、网瓣胃孔、网胃大弯、瘤胃背囊、瘤胃腹囊、食管、右侧沟线路切开，同时注意内容物的性质、数量、质地、颜色、气味、组成及黏膜的变化，特别应注意皱胃的黏膜炎症和寄生虫，瓣胃的阻塞状况，网胃内的异物、刺伤或穿孔，瘤胃内容物的状态等。

3. 肠道的检查

检查肠外膜后，沿肠系膜附着缘对侧剪开肠管，重点检查内容物和肠系膜，注意内容物的质地、颜色、气味和黏膜的各种炎症变化。

4. 其他器官的检查

主要包括肝脏、胰脏、脾脏、肾脏、肾上腺等，重点注意这些器官的颜色、大小、质地、形状、表面、切面等有无异常变化。

### （四）骨盆腔器官的检查

除输尿管、膀胱、尿道外，重点检查公畜的精索、输精管、腹股沟、精囊腺、前列腺、外生殖器官，母畜的卵巢、输卵管、子宫角、子宫体、子宫颈与阴道。重点观察这些器官的位置及表面和内部的异常变化。

### （五）胸腔器官的检查

割断前腔静脉、后腔静脉、主动脉、纵隔和气管等同心脏、肺脏的联系后，即可将心脏和肺脏一同取出。检查心脏时应注意心包液的数量、颜色，心脏的大小、形状、软硬度、心室和心房的充盈度，心内膜和心外膜的变化；检查肺脏时，重点注意肺脏的大小变化、表面有无出血点和出血斑、是否发生实变、气管和支气管内有无寄生虫等。

### （六）脑的取出与检查

先沿两眼的后沿用锯横向锯断，再沿两角外缘与第一锯相接锯开，并于两角的中间纵锯一正中线，然后两手握住左右角用力向外分开，使颅顶骨分成左右两半，即可露出脑。应注意检查脑膜、脑脊液、脑回和脑沟的变化。

### （七）关节的检查

尽量将关节弯曲，在弯曲的背面横切关节囊。注意囊壁的变化，确定关节液的数量、性质及关节面的状态。

## 三、剖检时的个人防护

羊有些疫病为人畜共患性疾病，做好剖检兽医工作人员的个人防护具有重要的地位和作用，是一线兽医工作人员生命安全和健康的重要保障，是体现“以人为本”理念，贯彻落实“安全第一、预防为主”方针的重要措施。借鉴先进经验和做法，结合剖检一线工作特点与现状，做好个人防护管理，将大大减少羊源人畜共患传染病对工作人员人身伤害。

（1）防止经呼吸道感染，剖检死亡羊要做好个人防护，解剖人员要佩戴口罩，防止经呼吸道感染发病。

（2）防止经皮肤黏膜感染，剖检过程要佩戴乳胶手套、穿工作服和工作鞋，必要时佩戴护目镜，避免经皮肤或黏膜感染。

（3）防止经消化道感染，解剖现场剖检工作没有彻底结束前不得饮水、吃食物和抽烟等，严防共患病经消化道感染。

（4）现场剖检结束后要对解剖器具进行彻底消毒，剖检人员佩戴的口罩、手套和防护服等连同动物尸体一起进行无害化处理。

## 第三节　实验室诊断

羊的个体或群体发生疫病时，有时仅凭临床诊断和病理剖检仍不能作出确诊，常常需要采取病料进行微生物学、寄生虫学检验。如果自己没有条件进行这些检验，就应该将采集的被检材料尽快送请有关单位代为检验。

实验室检验包括血液检验、尿液检验、粪便检验、脑脊髓液检验、渗出液与漏出液的检验、骨髓穿刺液的检验、血液生化检验、肝功能检验和肾功能检验等，针对某一次送检样品具体应作哪项或哪几项检验要随检测目的而变化，样品采集的方法和样品的保藏方法也不同。如：怀疑某羊场发生羊的泰勒虫病，则采集的样品最好为血液涂片或用淋巴结穿刺物所制备的组织涂片，保藏方法为甲醇固定后常温下干燥保存，所作的检验为姬姆萨染色后的病原学检查；若怀疑为传染病，经常采集的病料为发病动物或死亡动物的肝脏、脾脏、肺脏、心脏等脏器（若发病时有水泡，则应采集水泡皮；若发病时以呼吸道症状为主，则应采集痰液），送检时最好保藏于0~4℃，所进行的检验则为细菌和病毒的分离培养；若为中毒性疾病，则应采集发病动物的胃内容物、呕吐物或吃剩余的饲草或饲料，所进行的检验则为毒物检验。实验室检验的具体技术不是本书讨论的重点，这里不作详细介绍，需要时可参考有关书籍。由于实验室检验能否得出正确结果直接与病料的采取是否适当、保存是否得法、寄送是否及时等密切相关，本书将重点对传染病发生后病料的采集、保存和送检进行较详细的叙述。

## 一、病料的采取

### （一）注意事项

1. 取材要合理

不同的疾病要求采取不同的病料。怀疑是哪种疾病，就应按照哪种病的要求取材，这样送检目的明确，可使检验工作少走弯路（常见羊的主要传染病病料取材要求见表1）。如果弄不清楚疑似是哪一种疫病，就应全面取材，也可以根据症状和病理剖检变化而有侧重。例如有明显神经症状者，必须采取脑、脊髓；有黄疸、贫血症状者，必须采取肝、脾、血液等。

2. 取材要可靠

如有数只羊发病，取材时应选择症状和病变典型、有代表性的病例，最好能从处于不同发病阶段的数只病羊体上采集病料。取材动物应该是未经抗菌或杀虫药物治疗的，否则会影响微生物学或寄生虫学的检验结果。

3. 取材要及时

取材应在死后立即进行，最好不超过6小时。如果拖延过久（特别在夏季），组织发生变性和腐败，不仅有碍病原微生物的检出，且能影响病理组织学检验的正确性。

4. 作好病畜的检查登记

剖检取材之前，应先对病情、病史加以了解和记录，并详细进行剖检前的检查。凡怀疑为炭疽时（如死亡迅速，体表有浮肿，天然孔出血，尸僵与血凝不全，尸体迅速膨胀等），禁止剖检，可在耳部取末梢血液一滴，涂片染色镜检，于排除炭疽之后方可详加剖检取材。

5. 采集病料的器械要严格进行灭菌消毒

除病理组织学检验材料及胃肠内容物等以外，其他病料均应以无菌过程采取。器械及盛病料的容器须事先进行灭菌，具体为：① 刀、剪、镊子、针头和注射器可煮沸消毒 30 分钟；② 试管、平皿、玻璃瓶、陶瓷器皿及棉花拭子等可用高压灭菌、干热灭菌（用烘烤箱）或蒸汽消毒（笼蒸）；③ 软木塞、橡皮塞可置于 0.5%石炭酸溶液中煮沸 10 分钟；④ 载玻片事先洗擦干净即可。

6. 采用微生物学和病理组织学检验

为了减少污染的机会，应先采取微生物学检验材料，然后再结合病理解剖检验采取病理组织学检验材料。应将每种微生物学检验材料各装一个灭菌容器中；而且每采一种病料，更换一套无菌器械（刀、剪、镊子等）。器械不足时，用过的器械须用酒精棉擦拭干净，在酒精灯火焰上充分烧烤，待冷却后方可用来采取另一种病料。

### （二）各种检验材料的取材方法

1. 微生物学检验

（1）血液：主要包括 4 种形式。① 全血。以 20 毫升注射器吸 5%柠檬酸钠溶液 1 毫升，然后从静脉采血 10 毫升，混匀后注入灭菌试管或小瓶中。② 血清。采血 5 毫升于试管（或小瓶）中，摆成斜面使之凝结，待血清充分析出后，以灭菌吸管或注射器将血清移入另一灭菌容器内。③ 心血。在右心房处，先用烧红的铁片烧烙心肌表面，再用灭菌吸管或注射器刺入心房，吸出血液数毫升，注入试管或玻璃瓶中，加塞。④ 血片。以末梢血液、静脉血或心血，推血片数张，供血常规、细菌学或寄生虫学镜检。

（2）乳汁：乳房、乳房附近的毛及术者的手均须用消毒液洗净消毒，将最初挤出的3~4 股乳汁弃去，然后采集乳汁 10~20 毫升于灭菌容器中。

（3）脓液：开放的化脓灶可用灭菌拭子蘸取脓汁放入试管中；最好用注射器刺入未破的脓肿吸取脓汁数毫升，注入灭菌容器中。

（4）病羔尸体和流产胎儿：将尸体或流产胎儿用消毒液浸过的

棉花包裹（或纱布包裹后再用油纸或油布包扎，或放入塑料袋中）整个送检。

（5）淋巴结或实质器官（肝、脾、肺、肾等）：将淋巴结连周围的脂肪一同采集，其他器官可在病变部位各采集 1~4 厘米$^3$ 的小块，分别置于灭菌容器中。

（6）肠：选取适宜的肠段 6 厘米左右，两端进行结扎，自结扎线的外端剪断，置于玻璃容器或塑料袋中。

（7）胆汁：可将胆囊置于塑料袋中整个送检，也可将胆囊表面烧烙后，用注射器或吸管取胆汁数毫升，注入灭菌容器中。

（8）皮肤：取有病变的皮肤 10 厘米$^2$，置灭菌容器中，疑为炭疽时，可割取整个耳朵，用浸过 3%石炭酸的纱布或报纸包裹后，装在塑料袋内。

（9）骨：采取完整的管骨一块，剔除筋肉，表面撒上食盐，用同上方法包裹，装在塑料袋内。

（10）脑和脊髓：将脑、脊髓取出，浸入适当的保存液中。或将头部整个割下，用浸过 3%石炭酸的纱布或报纸包裹好，装在塑料袋内。

（11）供显微镜检查的玻片标本：除前述的血片外，脓汁、胸水等液体也可制成涂片。肝、脾、肺、胃、淋巴结、脑髓等组织可制成触片。致密结节、坏死组织、带有硫黄颗粒的脓汁等，还可制成压片（压在两张玻片之间，使两个玻片沿水平面相反的方向推移）。每种材料至少作两张片子，如果立即镜检，亦可在一张玻片上用蜡笔划 4~5 个小方格，涂以不同的标本。

2. 病理组织学检验

各种组织器官，应普遍取材，有病变者应将典型病变部分连同相邻的健康组织一并采集。如果各种组织器官显示不同阶段的病变，应该各取一块。

如果重点怀疑某一系统有病，应全面采取该系统的材料。例如对消化系统，要分别采取四个胃、小肠（十二指肠、空肠、回肠）及大肠（盲肠、结肠、直肠）；对神经系统，要分别采取脑的各部位和脊髓的各段病料，对于内脏的典型病变，应与邻近健康组织一起采取。如为大块病变，应先取病变组织与健康组织的交界区域，再取病变的中心区域。羊的主要传染病病料取材方法见表1。

在采取胃肠道、膀胱或胆囊等囊状器官时，应先将组织放在硬纸板上，停留1~2分钟，等浆膜与纸板粘附贴紧以后，再将病变组织与纸板一起剪下，浸入固定液内。

对于病理组织的采取，一般都是切（或剪）成1~2厘米的方块，用清水洗去血污，立即放入固定液中。一般都是将各种组织块装在同一个广口玻璃瓶内。

采取病理组织学检验材料时，还应注意以下几点。

（1）避免用手按压采取的组织，以免造成人为的病变。

（2）采取组织块的刀、剪必须锐利，切口要整齐。

（3）盛放组织块的容器要大，并给底部垫一层棉花，以防组织块相互挤压变形。固定液的用量为固定材料的5~10倍。

（4）浸入固定液的标签要用铅笔写在结实的纸上或薄木片上，不能用钢笔或圆珠笔写标签。

**表1　常见羊的主要传染病病料取材方法**

| 病名 | 取材要求和目的 | | 备注 |
|---|---|---|---|
| | 生前 | 死后 | |
| 炭疽 | ① 濒死期采取末梢血液，并作涂片数张<br>② 取炭疽痈的水肿液或分泌物 | 与生前同。另外采取耳朵 | 危险材料，防止感染和散菌 |
| 巴氏杆菌病 | 采取血液，并制作血片数张 | 取肝、脾、肺及心血，并作涂片数张 | |
| 结核病 | 痰、乳汁、粪、尿、精液、阴道分泌物，溃疡渗出物及脓汁 | 有病变的组织、内脏各两小块，供细菌学和组织切片检查 | 防止感染和散菌 |

（续表）

| 病名 | 取材要求和目的 | | 备注 |
|---|---|---|---|
| | 生前 | 死后 | |
| 布氏杆菌 | ① 采取血清供免疫学诊断用<br>② 乳汁、羊水、胎衣坏死灶、胎儿等，供细菌学及乳汁环状试验用 | 无诊断意义 | 防止感染和散菌 |
| 口蹄疫 | ① 采水泡及水泡液作病毒学检验<br>② 采痊愈血清作血清学实验 | 无诊断意义 | 严防散毒 |
| 羊副结核性肠炎 | 采粪便或用手指刮取直肠黏膜 | 采有病变的肠和肿大的肠系膜淋巴结各两小块，分别供细菌学检查和病理组织切片用 | |
| 羊快疫类疾病和羔羊痢疾 | 无诊断意义 | ① 取小肠内容物作毒素检查<br>② 取肝、肾及小肠一段作细菌分离 | |
| 羊痘 | 采未化脓的丘疹 | | |

## 二、病料的保存

要使实验室诊断得出正确的结果，除病料采取适当外，还需将病料保持在新鲜或接近新鲜的状态。为此，如不能立即进行检验，或须寄送到外地检验时，应加入适当的保存剂。

### （一）细菌检验材料

液体标本于管口加橡皮塞或软木塞后，用蜡封固即可。组织块则可保存于饱和盐水（蒸馏水 100 毫升加入纯净氯化钠 39 克，充分搅拌溶解后，用滤纸或数层纱布滤过，高压灭菌）或 30% 甘油缓冲液（甘油 30 毫升、氯化钠 0.5 克、碱性磷酸钠 1 克、0.02% 酚红溶液 1.5 毫升，用中性蒸馏水加至 100 毫升，混合后在 15 磅高压锅中灭菌 30 分钟）中，容器同样加塞封固。

（二）病毒检验材料

一般保存液为 50%甘油盐水溶液或鸡蛋生理盐水溶液。50%甘油缓冲盐水溶液之配制：氯化钠 8.5 克、蒸馏水 500 毫升、中性甘油 500 毫升。混合后分装，在 15 磅高压锅中灭菌 30 分钟，冷却备用。鸡蛋生理盐水溶液的配制：先将新鲜鸡蛋的表面用碘酒消毒，然后打开将内容物倾入灭菌的三角瓶中，按全蛋 9 分加入灭菌生理盐水 1 分，摇匀后用无菌纱布滤过，然后加热到 56~58℃历时 30 分钟，第二日及第三日各再按上法加热一次。冷却即可应用。

（三）血清学检验材料

固体病料如小块肠、耳、脾、肝、肾、皮肤等，可用硼酸或食盐处理，血清可在每毫升中加 5%石炭酸一滴。

（四）病理组织学检验材料

将病料立即放入 10%福尔马林溶液或 95%酒精中固定，任何一种固定液的用量均须为标本体积的 10 倍以上。如用 10%福尔马林固定，应在 24 小时后换新鲜溶液一次。脑、脊髓组织需用 10%中性福尔马林溶液（即在 10%福尔马林溶液中加入碳酸镁 5%~10%）中固定。严寒季节为了防止组织冻结，在送检时，可将上述固定好的组织块，保存于甘油和 10%福尔马林等量混合液中。

## 三、病料的送检

（一）病料的送检单要填写清楚

送检病料应在容器或玻片上编号，并将送检单复写三份，一份存查，两份随病料送往检验单位，检验完毕后退回一份。

（二）病料的包装要安全稳妥

对于危险材料，怕热或怕冻材料，应区别对待。

1. 一般材料

可将塑料袋口扎紧，容器口密封，各种涂片一张，用纸裹起后，包在一起扎紧，然后装箱。箱底先垫一层填充物（锯末、石灰粉和废纸等），再将病料标本放入各容器之间，用填充物塞紧以防碰撞打碎。容器封口向上，并与箱子四周保持一定距离，用填充料塞紧，上面亦填充盖紧，最后将箱盖钉牢。箱外用箭头标明上下，注明“切勿倒置”等字样。

2. 危险材料

如疑为炭疽、口蹄疫、牛瘟、鸡瘟等病的病理材料，应将盛病料的器皿如上法装入一金属容器内，焊封加印后再装箱。

3. 怕热材料

一般微生物学检验材料都怕受热，可将盛病料的容器一个个封口，并用棉花纱布裹紧后直立于广口保温瓶中，底部用棉花纱布等塞紧，上半部用棉花包着的冰块填紧，广口瓶盖紧封蜡后，再直立装箱如前。箱外标明上下，注明“病理检验材料，怕热，切勿倒置，小心轻放”等字样。怕热病料的运送要迅速，装箱后应尽快地送到检验单位。短途可派专人送去，远处可以邮寄。但在温暖及炎热季节，仍需派专人送去，途中尚需换冰，以送检材料的温度不超过10℃为宜。

4. 怕冻材料

如血清、病理组织学检验标本，在冬季应用棉花将材料包裹扎紧后装箱，外面注明“防冻”字样。

### （三）寄送病料要附剖检记录

在寄送病理检验材料时，要附寄详细的病例流行特点、病史、治疗情况及尸体剖检等记录。

### （四）疑似传染病或中毒病的病料取材

对于疑似传染病或中毒性疾病的病例，除了送检病理组织块以外，还应按传染病或中毒性疾病的要求进行取材，寄往检验单位，说明要进行的检验项目，如病原学检验、血清学检验或毒物化学检验等，以便进行综合分析，作出最后诊断。

## 四、常见实验室诊断方法

病原学诊断的目的是通过各种手段确定感染原因，为有效治疗和防止感染传播提供依据。

### （一）病原学诊断方法

1. 病原分离鉴定

病原分离鉴定是指从发病羊体内采集的病料中分离、纯化并鉴定到细菌、病毒、寄生虫、衣原体、支原体等病原因子。

（1）病毒分离鉴定。以无菌手段采集的病料组织，用 PBS（磷酸盐缓冲溶液）液反复冲洗 3 次，然后将组织剪碎、研磨，加 PBS 液制成 1：10 悬液（血液或渗出液可直接制成 1：10 悬液）以 2 000~3 000转/分的速度离心沉淀 15 分钟，每毫升加入青霉素和链霉素各 100 万单位，置冰箱中备用。把样品接种到鸡胚或细胞培养物上进行培养。对分离到的病毒，用电子显微镜检查，并用血清学试验及动物试验等进行病理化学和生物学特性的鉴定。或将分离培养得到的病毒液，接种易感动物，进行病例复制。

（2）细菌分离鉴定。涂片镜检将病料涂于清洁的载玻片上，干燥后在酒精灯火焰上固定，选用单色染色法（如美蓝染色法）、革兰氏染色法、抗酸染色法或其他特殊染色法染色镜检，根据所观察到的细菌形态特征，做出初步诊断或确定下一步检验的步骤。

分离培养根据所怀疑的传染病病原菌的特点，将病料接种于适当的细菌培养基上，在一定温度（常为 35℃）下进行培养，获得纯培养菌后，再用特殊的培养基培养，进行细菌的形态学、培养特性、生化特性、致病力和抗原性鉴定。

动物试验用灭菌生理盐水将病料做成 1：10 悬液，或利用分离培养获得的细菌液感染实验动物，如小鼠、大鼠、豚鼠、家兔等。感染方法可用皮下、肌肉、腹腔、静脉或脑内注射。感染后按常规隔离饲养，注意观察，有时还需要对某种实验动物进行测量体温；如有死亡，应立即进行剖检及细菌学检查。

（3）寄生虫鉴定。

① 涂片法。在洁净的载玻片上滴 1~2 滴清水，用火柴梗蘸取少量粪便放入其中，涂匀，剔去粗渣，盖上盖玻片，置于显微镜下观察。此方法快速简便，但检出率很低，可多检几个标本。

② 沉淀法。取羊粪 5~10 克，放在 200 毫升的烧杯内，加入少量清水，用小棒将羊粪捣碎，再加 5 倍量的清水调制成糊状，用孔径 0.25 毫米的铜筛过滤，静置 15 分钟，弃去上清，保留沉渣。再加满清水，静置 15 分钟，弃去上清，保留沉渣。如此反复 3~4 次，最后将沉渣涂于载玻片上，置于显微镜下检查。该法主要用于诊断虫卵比重大的羊吸虫病。

③ 漂浮法。取羊粪约 10 克，加少量饱和盐水，用小棒将羊粪捣碎，再加 10 倍量的饱和盐水搅匀，用孔径 0.25 毫米的铜筛过滤，静置 30 分钟，用直径 5~10 毫米的铁丝圈，与液面平行蘸取表面液膜，抖落在载玻片上并盖上盖玻片，置于显微镜下检查。该方法能查出多种类的线虫卵和一些绦虫卵，但比重大于饱和盐水的吸虫卵和棘头虫卵效果不明显。

2. 特异性目的基因扩增

设计合成病毒、细菌和寄生虫等病原特异性目的基因引物，常用的方法有聚合酶链式反应（PCR）、反转录聚合酶链式反应（RT-PCR）、实时荧光定量 PCR（qPCR）。

### （二）血清学诊断方法

血清学检测，通常是指在体外进行的抗原抗体反应，其基本原理就是利用抗原可与相应的抗体特异性结合的特性，利用已知的抗原来检查血清中是否含有相应的抗体，或者利用已知的抗体来捕捉相应抗原的血清学方法。血清学检测分析作为从羊场获取疫病信息的一个有效途径正变得越来越重要并日趋广泛，临床兽医或养殖场主在生产中，对于血清学检测结果进行正确的分析和判断，有助于我们获取有效的疫病信息并依此做出正确的决策以及改进。用于羊病诊断常用的血清学诊断方法主要有以下几种。

1. 酶联免疫吸附（ELISA）

ELISA 的基础是抗原或抗体的固相化及抗原或抗体的酶标记，ELISA 试验是一种敏感性高、特异性强、重复性好的实验诊断方法，不仅可以检测抗原还可以检测抗体。ELISA 分为双抗夹心测抗原、竞争法测抗原、间接法测抗体、竞争法测抗体、捕获包被法测抗体。

2. 间接血凝实验（IHA）

IHA 是将抗原（或抗体）包被于红细胞表面，成为致敏的载体，然后与相应的抗体（或抗原）结合，从而使红细胞聚集在一起，出现可见的凝集反应。

3. 胶体金试纸条

采用胶体金免疫层析技术研制而成，将特异的抗体交联到试纸条上，试纸条有一条控制线和一条或几条显示结果的测试线，抗体和特异抗原结合后再和带有颜色的特异抗原反应时，就形成了带有颜色的三明治结构。

4. 虎红凝集

凝集反应是指颗粒性抗原（红细胞、细菌）等与相应的抗体在适量的电解质存在的条件下，经一定时间后凝集形成的肉眼可见的凝集物。虎红平板凝集试验所用的抗原是酸性带色抗原（RBPT）。在国际贸易中是牛、羊、猪布鲁氏菌病检测的指定试验，在我国也用于人布鲁氏菌病检测的初筛。该法灵敏度高、价格便宜、操作方便、检测快速，适于群体布鲁氏菌病的普查。

5. 间接免疫荧光

将荧光素标记在相应的抗体上，直接与相应抗原反应。其优点是方法简便、特异性高，非特异性荧光染色少。缺点是敏感性偏低；而且每检查一种抗原就需要制备一种荧光抗体。此法常用于细菌、病毒等微生物的快速检查。

### （三）病理学诊断方法

指对取自羊体内的组织样本，通过对病变组织及细胞形态的分析、识别，再结合肉眼观察及临床相关资料，作出各种疾病的诊断。

常见的方法有苏木素-伊红（HE）染色，免疫组织化学，原位杂交，流式细胞技术，电子显微镜或分子生物学等方法。

## 第四节　羊病诊断的逻辑思维

羊病诊断的逻辑思维是指兽医技术人员在临床诊断实践中利用兽医学知识，对临床收集到的资料进行综合分析、逻辑推理，从错综复杂的线索中找出主要矛盾并加以解决的过程，其目的是对羊病疫情的正确认识和处理。

### 一、羊病临床诊断思维程序

1. 从剖检的观点，有何结构异常？
2. 从生理的观点，有何功能异常？
3. 从病理生理的观点，提出病理变化和发病机制的可能性
4. 考虑可能的致病原因
5. 考虑病情的轻重缓急
6. 提出有限的几个特定假设
7. 检验该假设的真伪，权衡支持与不支持的症状体征
8. 寻找特定症状体征组合，进行鉴别诊断
9. 缩小诊断范围，考虑诊断的最大可能性
10. 提出进一步检查及处理措施

### 二、羊病诊断常用的逻辑思维

1. 演绎推理

从带有共性或者普遍性的原理出发来推论对个别事物的认识并导出新的结论。即提出假说进行演绎推理，再通过实验验证演绎推理的结论，比较病羊临床表现是否符合诊断标准。

2. 归纳推理

从个别和特殊的临床表现推导出一般性或者普遍性结论的推理

方法。

3. 类比推理

根据两个或者两个以上羊疫病在临床表现上有某些相同或相似，但也有不同之处，经过比较、鉴别、推论而确定其中一个疾病的推理方法，临床诊断常用于鉴别诊断来认识疾病。

## 三、羊病诊断思维的基本原则

1. 首先考虑常见病与多发病

2. 结合当地饲养方式、饲养品种考虑当地流行和发生的传染病和地方性疾病

3. 尽可能以1~2种疾病去解释多种临床表现

4. 考虑器质性疾病的存在

5. 考虑可防可控性疾病的诊断

6. 兽医技术人员必须实事求是地对待客观现象

7. 以病羊或者羊群为整体，但要抓准重点和关键的临床现象

## 四、羊病诊断思维中的注意事项

1. 现象和本质

2. 主要和次要

3. 局部和整体

4. 典型和不典型

5. 诊断时机

6. 特别要考虑混合感染和继发感染问题

# 第三章

# 羊病发生后的处理原则

## 第一节　处理原则

### 一、羊群发生传染病后的处理措施

羊群发生传染病时，兽医人员应依据《中华人民共和国动物防疫法》及时进行诊断，并立即向上级部门报告疫情，应立即采取一系列紧急措施，就地扑灭疫情，以防止疫情扩大；同时要立即将怀疑病羊和健康羊隔离，不让它们有任何接触，以防健康羊受到传染；对于发病前与病羊有过接触的羊（虽然在外表上看不出有病，但有被传染的嫌疑，一般叫做“可疑感染羊”），不能再同其他健康羊在一起饲养，必须单独圈养，经过20天以上的观察不发病，才能与健康羊合群；如出现病羊的临床症状，则按病羊处理。对已隔离的病羊，要及时进行药物治疗；隔离场所禁止人、畜出入和接近，工作人员出入应遵守消毒制度；隔离区内的用具、饲料及粪便等，未经彻底消毒不得运出；没有治疗价值的病羊，由兽医根据国家规定进行严格处理；病羊尸体要焚烧或深埋等无害化处理，不得随意抛弃。对健康羊和可疑感染羊，要进行疫苗紧急接种或用药物进行预防性治疗。发生口蹄疫、羊痘、炭疽等急性、烈性传染病时，应立即报告有关部门，划定疫区，采取严格的隔离封锁措施，并组织力量尽快扑灭；发生结核、布鲁氏菌等疫病时，应对羊群实施清群和净化措施。

## 二、羊群发生寄生虫病后的处理措施

羊的大多数蠕虫病属消耗性疾病，多呈慢性经过，但也有急性暴发的情况发生，如羊的肝片吸虫病。若根据临床检查（剖解、虫卵检查）和各种实验室诊断方法（ELASE、PCR 等）已确定发病原因属于寄生吸虫、绦虫、线虫，则应根据所确诊的寄生虫的种类及其生物学特性针对传播环节进行处理，选用特效药或广谱驱虫药对病羊进行治疗。如发生血吸虫病后，应采用各种有效措施对羊群常去的水塘或放牧的沼泽地带进行灭螺处理，并用特效药“吡喹酮”对病羊及同群羊进行治疗；如羊群发生绦虫病时，除应立即用吡喹酮、丙硫苯咪唑等特效药对羊群进行驱虫治疗外，应尽量避免在清晨、傍晚和雨天放牧，减少羊吞吃地螨的机会，并通过有计划地轮流放牧，改善地理条件，以减少地螨数量；当发生线虫病（如：捻转血矛线虫、食道口线虫、网尾线虫等）时，应立即用左旋咪唑、丙硫苯咪唑、伊维菌素等广谱驱虫药进行驱虫治疗，一般应进行两次驱虫处理，驱虫间隔时间根据本地寄生虫优势种的生物学特性确定，同时注意羊圈及活动场地卫生状况的改善。

羊的原虫病，特别是血液原虫病（如梨形虫病、附红细胞体病等）大多呈地方性、季节性（以传播媒介蜱虫、蚊蝇的消长规律一致）流行，病程一般为急性经过，发病时可选用特效药进行治疗，如贝尼尔、咪唑苯脲、磷酸伯氨喹、黄色素、青蒿素等，同时应通过药浴、喷雾、透皮给药等综合措施杀灭传播媒介蜱虫和蚊蝇，减低发病率。

羊的外寄生虫病主要为螨病、蜱及鼻蝇蛆病等。当羊群中个别羊体表出现螨病时，首先应将病羊与健康羊隔离，通过在饲料内添加杀螨药物，或皮下注射大环类酯类药物（阿维菌素、伊维菌素、多拉菌素、表阿佛菌素等）的方法对其实施治疗；当发现羊患鼻蝇蛆病时，应给病羊注射或口服特效杀虫剂（如伊维菌素或氯氰碘柳胺）

等方法进行治疗；当在牛的体表发现“蜱”时，应选用高效低毒杀虫剂，如溴氰菊酯（敌杀死）、残杀威等，进行药浴或喷雾处理。

羊群应用抗寄生虫药应遵循以下原则。

1. 准确选药

在选用驱虫药物时，必须根据不同的治疗对象（虫种），遵循“高效、低毒、广谱、方便、廉价”的原则。通俗地讲，最好是使用一种抗寄生虫药就可以驱除多种寄生虫，且经过少次、少量用药就能彻底驱除体内外的寄生虫，选用对羊毒副作用较小、药物残留少、使用简便的驱虫药。

2. 驱虫前做好准备工作

做好药物、投药器械（注射器、喷雾器等）及栏舍的清理等准备工作外，在对大批羊进行驱虫治疗或使用数种药物治疗混合感染前，应先以少数羊预试，注意观察药物反应和药效，确保安全、有效后再全面开展。此外，无论是大批投药，还是预试驱虫，均应了解驱虫药物的特性，备好相应解毒药品。

3. 适时投药

羔羊一般在每年8—10月进行首次驱虫，怀孕母羊在接近分娩时进行产前驱虫；根据寄生虫流行病学资料和发病的地域、季节预防性驱虫；一般在第一次驱虫后，依据所用药物的特性间隔一段时间须进行第二次驱虫。

4. 配合用药

除由于寄生虫混合感染而配合使用多种驱虫药外，辅助用药也很重要。如在驱除羊胃肠寄生的线虫时，为了充分发挥药物对虫体的作用，可在清晨饲前投药或投药前停饲6~12小时，同时在投服驱虫药后或者同时应用盐类泻药，以使麻痹的虫体或残留在胃肠道内的驱虫药排出体外。在使用驱虫药的前后，应加强对羊群的护理和观察，一旦发现体弱、患病的羊，应立即隔离、暂停驱虫；投药后发现有异常或中毒的羊应及时抢救；要加强对驱虫后粪便的无害化处理，以防病原扩散。

## 三、羊群发生中毒性疾病后的处理措施

羊发生中毒时，要查明原因，及时进行救治，一般原则如下。

1. 加速体内毒物的排出

有毒物质如为经口食入，初期可用胃管导胃洗胃，以排出胃内容物，在洗胃水中加入适量的活性炭可提高洗胃效果；如中毒时间较长，大部分毒物已进入肠道时，应灌服泻剂促进毒物排出；对已吸收进入血液中的毒物，可采用静脉放血同时进行输液（5%葡萄糖生理盐水或复方氯化钠注射液）的方法加速毒物的排出。大部分毒物是经肾脏排泄，故肌内注射“速尿”或静脉输注高渗溶液（如10%葡萄糖）利尿排毒也具有一定的效果。

2. 应用解毒剂

在毒物性质未确定之前，可使用通用解毒药（如口服甘草绿豆汤，肌内注射肾上腺素脱敏、再注射强力解毒敏或地塞米松解毒）；如毒物性质已经确定，则可有针对性地使用中和解毒药（如酸类中毒内服碳酸氢钠、石灰水等）、沉淀解毒药（如生物碱或重金属中毒可内服2%~4%鞣酸）及特效解毒药（如解磷定对有机磷中毒有特效，美蓝对亚硝酸盐中毒有特效）。

3. 对症治疗

心脏衰弱时，可用强心剂（如肾上腺素）；呼吸功能衰竭时，使用呼吸中枢兴奋剂（如尼可刹米）；病羊不安时，使用镇静剂；为了增强肝脏解毒能力，可大量输液。

# 第二节　常见给药方法

羊的给药方法很多，应根据病情、药物的性质、羊的大小，选择适当的给药方法。

## 一、口服法

1. 自行采食法

多用于大群羊的预防性治疗或驱虫。将药物按一定的比例拌入饲料或饮水中，任羊自行采食或饮用。大群羊用药前，最好先做小群的毒性和药效试验。

2. 长颈瓶给药法

当给羊灌服稀薄药液时，可将药液倒入细口长颈的玻璃瓶、胶皮瓶或一般的酒瓶中，抬高羊的嘴巴，给药者右手拿药瓶，左手食、中二指自羊右口角伸入口中，轻轻压迫舌头，羊口即张开。然后将药瓶口从左口角伸入羊口中，并将左手抽出，待瓶口伸到舌头中段，即抬高瓶底，将药液灌入。

3. 药板给药法

专用于舔剂。舔剂不流动，在口腔中不会向咽部滑动，因而不致发生误咽；用竹制或木制的药板给药，药板长 30 厘米、宽 3 厘米、厚 3 毫米，表面须光滑。给药者站在羊的右侧，左手将开口器放入羊口中，右手持药板，用药板前部抹取药物，从右口角伸入口内到达舌根部，将药板翻转，轻轻按压，把药抹在舌根部，待羊下咽后，再抹第二次，如此反复进行，直到把药给完。

## 二、灌肠法

灌肠法是将药物配成液体，直接灌入直肠内。羊一般用小橡皮管灌肠，先将直肠内的粪便排出，然后在橡皮管前端涂上凡士林，来回抽动缓缓插入直肠内，达到一定深度后把橡皮管的体外部分提高到超过羊的背部开始灌肠。灌肠完毕后，拔出橡皮管，用手压住肛门或拍打尾根部，以防药物排出。药液的温度应与羊体温一致（37~40℃）。

## 三、胃管法

给羊插入胃管的方法有两种：一是经鼻腔插入，二是经口腔插入。患有咽炎、咽喉炎和咳嗽严重的病羊，不可用胃管灌药。

1. 经鼻腔插入

先将胃管插入鼻孔，沿下鼻道慢慢送入，到达咽部时，有阻挡感觉，待羊进行吞咽动作时趁机送入食道；如不吞咽，可轻轻来回抽动胃管，诱发吞咽。胃管通过咽部后，如进入食道，继续深送会感到稍有阻力，这时要向胃管内用力吹气，如见左侧食道沟有起伏，表示胃管已进入食道。如胃管误入气管，多数羊会表现不安、咳嗽，继续深送，毫无阻力，向胃管吹气，左侧食道沟看不到波动，用手在左侧食道沟胸腔入口处摸不到胃管，同时胃管末端有与呼吸一致的气流出现，此时应将胃管抽出，重新插入。如胃管已入食道，继续深送，即可到达胃内，此时从胃管内排出酸臭气味，将胃管放低时则流出胃内容物。

2. 经口腔插入

先装好木质开口器，用绳固定在羊头部，将胃管通过木质开口器的中间孔，沿上腭直插入咽部，借吞咽动作胃管可顺利进入食道，继续深送，胃管即可到达胃内，胃管插入正确后，即可接上漏斗灌药。药液灌完后，再灌少量清水，然后取掉漏斗，往胃管内吹气，使胃管内残留的液体完全入胃，然后折叠胃管，慢慢抽出。该法适用于灌服大量水剂及有刺激性的药液。

## 四、注射法

注射法是将注射液用注射器注入羊体内的方法。注射前，要将注射器和针头用清水洗净，煮沸 30 分钟消毒；或用消毒好的一次性塑料注射器；连续注射器只更换消毒好的针头，保证一羊一个针头，防止交叉感染；注射前要排出注射器内的空气。

### （一）皮下注射

把药液注射到羊的皮肤和肌肉之间。羊的注射部位是在颈部或股内侧皮肤松软处。注射时，先把注射部位的毛剪净，涂上碘酒，用左手捏起注射部位的皮肤，右手持注射器用针头 45°斜向刺进皮肤，如针头能左右自由活动，即可注入药液；注毕拔出针头，涂上碘酒。凡易于溶解的药物、无刺激的药物和疫苗，均可进行皮下注射。

### （二）肌内注射

将灭菌的药液注入肌肉较多的部位。羊的注射部位是在颈部上1/3肌肉丰厚的位置。注射针与皮肤垂直刺入，深度为1~2厘米。刺激性小、吸收缓慢的药物，可采用肌内注射。

### （三）静脉注射

将经灭菌的药液直接注射到静脉中，使药液随血流很快分布全身，迅速发生药效。羊的注射部位是颈静脉。注入方法是先用左手按压颈静脉沟靠近心脏的一端，使颈静脉怒张，右手持注射器，将针头向上刺入静脉内，如有血液回流，则表示已插入静脉内，然后用右手推动活塞，将药液注入；药液注射完毕后，左手按住刺入孔，右手拔针，在注射处涂擦碘酒即可。如药液量大，也可使用静脉输入器，其注射分两步进行：先将针头刺入静脉，再接上静脉输入器。注意药液输入静脉时，绝对不能含有气泡。凡输液（如生理盐水、葡萄糖溶液等）以及药物刺激性大、不宜皮下或肌内注射的药物，多采用静脉注射。

### （四）气管注射

将药物直接注入气管内。注射时，多取侧卧保定，且头高臀低，将针头穿过气管软骨环之间，垂直刺入，摇动针头，若感到针头确已进入气管，接上注射器，抽动活塞，见有气泡，即可将药液缓缓注入。如欲使药液流入两侧肺中，则应注射两次，第二次注射时，须将羊翻转，卧于另一侧。该法适用于治疗气管、支气管和肺部疾病，也常用于肺部驱虫（如羊肺线虫病）。

### （五）羊瘤胃穿刺术

当羊发生瘤胃臌气时，可采用本法。穿刺部位是在左肷窝中央臌气最高的部位。方法是：局部剪毛，碘酒消毒，将皮肤稍向上移，然后将套管针或普通针头垂直地或朝右肘头方向刺入皮肤及瘤胃壁，气体即从针头排出，然后拔出针头，碘酒消毒即可。必要时可从套管针孔注入防腐剂或消沫药。

（六）瓣胃注射

将药液直接注入瓣胃，使瓣胃内容物软化，主要用于治疗种羊的瓣胃阻塞；注射部位在羊的右侧 7~9 肋骨间隙，针头向着左侧肘突方向刺入 5~6 厘米，针头刺入瓣胃时有沙沙感、阻力减轻；此时可少量注入生理盐水并回抽注射器，如注射器内混有草屑的胃内容物，即可确认针头正确刺入瓣胃内，将治疗用药液（一般为硫酸钠、硫酸镁、甘油、石蜡油及水的混合物）注入后迅速拔针，局部消毒即可，一天或隔天注射一次；注射后要充分饮水，并配合静脉强心、补液。

## 五、皮肤、黏膜给药

通过皮肤和黏膜吸收药物，使药物在局部或全身发挥治疗作用。常用的给药方法有滴鼻、点眼、刺种、皮肤局部涂擦、药浴、浇泼、埋藏等。

## 六、药浴

为了预防和治疗羊的体外寄生虫病，如蜱、疥螨、羊虱等，常需在这些体外寄生虫活动的季节或夏末秋初进行药浴，如果某些病羊需要在冬季进行药浴，一定要注意保暖。根据药浴的方式可以分为池浴、淋浴和盆浴三种形式。池浴和淋浴主要用于具有一定规模的养殖场，而盆浴则主要被养殖规模较小的专业户所采用。

（一）药浴液的配制

目前羊常用的药浴液有：溴氰菊酯、螨净、舒利宝等，药液应使用饮用水按说明书进行配制，通过加热使药浴液的温度保持在 20~30℃。

（二）药浴方法

1. 池浴法

药浴时应由专人负责将羊只赶入或牵拉入池，另有人手持浴叉负责在池边照护，将背部、头部尚未被浸湿的羊只压入药液内使其浸透；当有拥挤互压现象时，应及时处理，以防药液呛入羊肺或淹死现象。羊只在入池 2~3 分钟后即可出池，使其在广场停留 5 分钟后再放出。

2. 淋浴法

在池浴的基础上进一步改进提高后形成的药浴方法，优点是浴量大、速度快、节省劳力、比较安全、质量高，目前我国许多地区均已逐步采用。淋浴前应先清理好淋浴场进行试淋，待机械运转正常后，即可按规定浓度配制药液。淋浴时应先将羊群赶入淋场，开动水泵进行喷淋，经 2~3 分钟淋透全身后即可关闭水泵，将淋毕的羊只赶入滤液栏中，经 3~5 分钟即可放出。

3. 盆浴法

在适当的盆、缸或锅中配好药液后，通过人工将羊只逐个进行洗浴的方法。

### （三）应遵循的原则

药浴应选在晴朗、温暖、无风的天气，于日出后的上午进行，以便药浴后羊毛很快干燥。羊在药浴前 8 小时停止饲喂，入浴前 2~3 小时饮足水，防止羊因口渴而误饮药液造成中毒。大规模进行药浴前，应选择品质较差的 3~5 只羊进行试浴，无中毒现象发生时，方可按计划组织药浴。先浴健康羊，后浴病羊，妊娠 2 个月以上的母羊或有外伤的羊暂时不浴。药液应浸满全身，尤其是头部。药浴后羊在阴凉处休息 1~2 小时即可放牧，如遇风雨应及早赶回羊舍，以防感冒。药浴结束后 2 小时内不得母子合群，防止羔羊吸奶时发生中毒。药浴最好在剪毛后 7~10 天进行，效果较好。对患疥螨病的羊，第一次药浴后间隔 1~2 周应重复药浴 1 次。羊群若有牧羊犬，也应一并药浴。药浴期间工作人员应配戴口罩和橡皮手套，以防中毒。药浴结束后，药液不能任意倾倒，应清除后深埋地下，以防动物误食而中毒。

# 第二部分　各　论

# 第一章

# 羊的主要传染病

## 第一节 口蹄疫

口蹄疫又称“口疮”或“蹄癀”，是由口蹄疫病毒引起的猪、牛、羊等偶蹄兽的一种急性、发热性、高度接触性传染病，以患病动物的口腔黏膜、鼻、蹄和乳头等处皮肤形成水疱和烂斑为主要特征。人和其他非偶蹄动物偶尔也可感染本病，但症状较轻，病例很少，该病的发病率为100%，但大部分成年家畜可以康复，幼畜则经常不见症状而突然死亡，严重时死亡率可达100%。该病传播迅速，流行范围广。

### 一、诊断技术

#### （一）掌握流行病学特点

本病是全球范围内广泛流行的动物疫病，其流行无明显季节性，但以秋末、冬春为常发季节，夏季基本平息，发病动物和所接触的环境与物品是主要传染源，主要通过直接接触和间接接触而感染，但在一定条件下，病毒也可借助风力传播。该病传染性强，一旦发生便会很快波及全群。同时，口蹄疫的暴发具有一定的周期性，每隔几年就流行一次。

### （二）辨明症状

病羊潜伏期一周左右，最长为14天，体温升高到40~41℃，食欲减退，流涎，1~2天后在唇内、齿龈、舌面等部位出现蚕豆或核桃大小的水疱。羊的症状一般较轻，绵羊仅在蹄部出现豆粒大小的水疱，需仔细检查才能发现，有时可见舌上有小水疱，唇部发炎肿胀，有时颊部和咽部也发炎肿胀；山羊患病也常轻微，在蹄部则较少见到水疱，主要出现于口腔黏膜，水疱皮薄，且很快破裂。由于头部被毛耸立，外观似头部变大，有人称之为“大头病”。如无继发感染，成年动物会在4周之内康复，死亡率在5%以下。幼畜死亡率较高，有时可达70%以上，主要引起心肌损伤而猝死。

### （三）临床诊断要领

本病根据流行情况、症状和病变进行初步临床诊断。常呈急性流行性传播，主要侵害偶蹄兽，一般为良性转归；临诊表现为发热，口腔黏膜（如牙龈、舌等）、蹄部皮肤、乳房、乳头、鼻端、鼻孔等部位出现水疱和溃疡；临床上注意与羊传染性脓疱、蓝舌病等类似疾病相区别。确诊必须经省级以上的兽医部门进行实验室诊断。

### （四）病料的送检

要对本病进行确诊，需采取患病动物水疱液或水疱皮送中国农业科学院兰州兽医研究所“国家口蹄疫参考实验室”进行病原分离鉴定、动物接种试验、血清学诊断等检验。

## 二、有效防治措施

### （一）预防

（1）一旦发生口蹄疫，应遵照“早、快、严、小”的原则，及时上报疫情，划定疫点、疫区和受威胁区，实施隔离和封锁措施，严格执行扑灭措施。

（2）应严格执行检疫、消毒等预防措施，严禁从有口蹄疫国家或地区购进动物、动物产品、饲料、生物制品等。被污染的环境应严格、彻底的消毒。

（3）对疫区和受威胁区未发病动物进行紧急免疫接种；口蹄疫流行区应坚持免疫接种，一般应用与当地流行毒株同型的病毒灭活疫苗进行免疫接种。

### （二）治疗

本病一般不主张治疗，应就地扑杀，进行无害化处理。羊感染口蹄疫后，一般经 10~14 天即可痊愈。必要时可在严格隔离下进行对症治疗，可缩短病程。具体可作以下处理。

（1）加强护理和饲养管理。

（2）口腔可用清水、食醋或 0.1%高锰酸钾冲洗，糜烂面上可涂以1%~2%明矾、碘酊甘油（碘 7 克、碘化钾 5 克、酒精 100 毫升、溶解后加入甘油 100 毫升）或冰硼散（冰片 15 克、硼砂 15 克、芒硝 18 克、研成细末）。

（3）蹄部可用3%臭药水或来苏儿洗涤，擦干后涂松馏油或鱼石脂软膏或氧化锌鱼肝油软膏，再用绷带包扎，也可将煅石膏与锅底灰各半，研成粉末，加少量食盐粉涂在蹄部的患处。

（4）乳房可用肥皂水或2%~3%硼酸水清洗，然后涂以青霉素软膏或其他刺激性小的防腐软膏。此外也可用一些中药治疗。

## 第二节 蓝舌病

羊蓝舌病又称羊瘟，是由蓝舌病病毒（BTV）引起的绵羊、牛、山羊和野生反刍动物的一种非接触性传染病，其中绵羊最易感染，山羊和牛次之。本病的传播媒介为库蠓（*Culicoides*）。最早于 1876 年发现于南非的绵羊，由于发病绵羊持续高热后口腔出现溃疡损伤，口腔黏膜及头发蓝，因此命名为蓝舌病。该病以发热、消瘦、白细胞减少、口唇肿胀及糜烂、鼻腔和胃肠黏膜的溃疡性炎症为特征。

## 一、诊断技术

### （一）掌握流行病学特点

此病最初仅局限于非洲，且只感染绵羊，但在过去的 20 年里已经扩散到欧洲、北美和南美及澳大利亚。BTV 能感染分布于热带和亚热带地区所有国家的反刍家畜。此病为虫媒病，其发生和分布都同媒介昆虫的分布有密切关系，主要暴发于蚊、蠓大量活动的夏秋季节，特别以池塘、河流多的低洼地区多见。易感动物对口腔途径感染有很强的抵抗力，发病动物的分泌物和排泄物内病毒含量极低，不会引起蓝舌病的传播，其产品如肉、奶、毛等也不会传播蓝舌病病毒。病毒血症期动物的精液具有感染性，受体母畜接受具有感染性的精液可发生感染。所以，从蓝舌病流行的国家进口精液有一定的危险，而且采自感染绵羊的胚胎也有可能传播蓝舌病。

### （二）辨明主要症状

本病潜伏期 3~9 天。病初羊体温为 40.5~42℃，呈稽留热型，一般持续 2~3 天。病羊双唇水肿及充血，出现流涎和流鼻涕等现象。口腔充血，后呈青紫或蓝紫色。很快口腔黏膜发生溃疡和坏死，鼻腔有脓性分泌物，干后呈痂，引起呼吸困难。舌头充血、点状出血、肿大，严重的病例舌头发绀，表现出蓝舌病的特征症状。口鼻和口腔病变一般在 5~7 天愈合。蹄部病变一般出现在体温消退期，但偶尔也见于体温高峰期，病羊蹄冠和蹄叶发生炎症，疼痛，出现跛行，甚至有些动物蹄壳脱落。有时腹泻带血，孕羊流产。被毛易折断和脱落。皮肤上有针尖大小出血点或出血斑。病程 6~14 天，然后开始自愈。致死多由于并发肺炎和胃肠炎所致。动物的死亡率与许多因素有关，一般为 2%~30%，如果感染发生在阴冷、湿润的深秋季节，死亡率要高很多。临床剖检病理变化表现为嘴唇、鼻及皮肤充血，全身皮肤呈弥散性发红，角基部和蹄冠周围有红圈。口腔黏膜脱落。脾脏肿大。肾充血和水肿，皮质部可见界限清楚的瘀血斑。鼻液稀薄，并有水样或黏液性出血。肺有局部水肿。心包积水，左心室与肺动脉基部常有明显的心内膜出血。

### （三）临床诊断要领

本病主要发生于1岁龄左右的绵羊，常流行于库蠓活动的湿热的夏秋季，病畜表现为体温升高、唾液增多、黏膜发炎、舌头发绀、口鼻肿胀、呼吸困难、水肿、蹄冠炎和继发性肺炎等症状，可作出初步诊断。要注意与口蹄疫、传染性脓疱病及溃疡性皮炎的鉴别诊断。动物试验可采取病料（高热期血液或病尸肠系膜淋巴结和脾脏），分别接种易感绵羊和免疫绵羊，观察其是否发病和疾病表现。

### （四）病料的送检

诊断发热期可采集病羊的血液，也可从死后不久的尸体上采集淋巴结、脾脏、肝脏等病料送有关实验室进行病原分离鉴定、动物接种试验、血清学诊断等检验，以便确诊。

## 二、有效防治措施

### （一）预防

（1）为防止本病传入，进口动物应选择在虫媒不活动的季节，若检出阳性动物，全群动物均应扑杀、销毁或退回处理。

（2）控制、消灭本病媒介昆虫——库蠓，用药物、驱杀等方法，防止其叮咬羊群，夏秋季应在干燥地区放牧并驱赶畜群回圈舍过夜，减少蚊、蠓等传媒的侵害。

（3）在疫区和受威胁区注射疫苗，是预防该病的有效方法。

（4）因羊蓝舌病属于一类传染病，危害严重，故一经发现疫情应即时上报有关部门。

### （二）治疗

目前尚无特效治疗药物，一般采用对症治疗，方法参考口蹄疫。对继发症可用适当抗生素或磺胺药治疗。病羊应加强营养，精心护理，饲喂优质易消化的饲料。

# 第三节 羊链球菌病

羊链球菌病，即羊败血性链球菌病，是由C群马链球菌兽疫亚种引起的一种急性、热性传染病，因病羊的咽喉大多肿胀，故链球菌病俗称嗓喉病，其临床特征主要是下颌淋巴结与咽喉肿胀、全身性的出血性败血症、卡他性肺炎、纤维素性胸膜肺炎、胆囊肿大和化脓性脑脊髓膜炎等。

## 一、诊断技术

### （一）掌握流行病学特点

羊链球菌病的传染源主要是病羊和带菌羊。主要通过吸呼道传染，其次是消化道和损伤的皮肤。多发于冬春寒冷季节（每年11月至次年4月），气候严寒和剧变以及营养不良等因素均可诱导发病。发病不分年龄、性别和品种。链球菌最易侵害绵羊，山羊也易感染，多在羊只乏弱的冬春季节呈地方性流行，在老疫区则为散发性。

### （二）辨明主要症状

人工感染的潜伏期为3~10天。病程短，一般2~4天，最急性者24小时内死亡，症状不易发现。病羊体温升至41℃，呼吸困难，精神不振，反刍停止，口流涎水，鼻孔流浆性、脓性分泌物，结膜充血，常见流出脓性分泌物，粪便松软，带有黏液或血液。有时可见眼睑、嘴唇、面颊及乳房部位肿胀，咽喉部及下颌淋巴结肿大。孕羊阴户红肿，可发生流产。病死前常有磨牙、呻吟及抽搐现象。个别的羊有神经症状。急性者多数由于窒息死亡。

### （三）临床诊断要领

本病诊断要点为：① 主要发生于冬春季节，临诊特征为发热、咽喉部肿胀与呼吸困难；② 咽喉及周围组织水肿，全身淋巴结肿大，成年羊表现败血性变化，羔羊表现为纤维素性肺炎；③ 肝脏、脾脏涂片镜检时，发现有带荚膜的球菌，为革兰氏阳性，多为双球排列形式，很少有单独存在的，偶尔可以见到由 4~5 个菌体形成的短链。根据流行病学特点和典型临床症状可作出初步诊断，但要注意与羊炭疽、羊梭菌性疾病（羊快疫、羊肠毒血症等）和羊巴氏杆菌病等类似症进行鉴别诊断。

（四）病料的送检

采取血液、脓汁、胸水、腹水、淋巴结、肝脏、脾脏等病料，送有关实验室进行病原学检查及动物接种试验，以便确诊。

## 二、有效防治措施

（一）预防

（1）加强羊群的饲养管理，加强保膘工作，做好防寒保暖工作，增强羊的抵抗力。

（2）每年秋季用羊链球菌氢氧化铝甲醛苗进行预防接种，羊无论大小一律皮下注射 3 毫升，3 月龄以下羔羊，3 周后重复接种 1 次。接种后 14~21 天产生免疫力，免疫期可维持 6 个月以上。

（3）当疫病发生后，对病羊和可疑羊要分别隔离治疗，场地、器具等用 10%的石灰乳或 3%的来苏儿严格消毒，羊粪及污物等堆积发酵，肉尸应焚烧或切成小块煮沸 1.5 小时。

（二）治疗

磺胺类药品及青霉素都有治疗效果，应在加强护理的情况下及时治疗。可以肌内注射 10%磺胺噻唑钠，每次 10 毫升，每日 1~2 次，连用 3 天。也可内服磺胺嘧啶，每次 5~6 克（小羊减半），每日 1~3 次；或内服复方新诺明 25~30 毫克/千克体重，每日 2 次，连用 3 天。用青霉素治疗，剂量为每次 80 万~160 万国际单位，每天肌内注射两次，连用 2~3 天；也可用羊链球菌血清进行治疗。

## 第四节　羊传染性脓疱病

羊传染性脓疱病俗称羊口疮，病原为传染性脓疱病病毒，属于痘病毒科、副痘病毒属。该病毒对外界环境有相当强的抵抗力，暴露于夏季阳光下的病变干痂的传染性可达30~60天。本病主要危害羔羊，但也发生于育成羊和成年羊。其特征为口腔黏膜、唇部、面部、腿部和乳房部的皮肤形成丘疹、脓疱、溃疡和结成疣状厚痂。本病广泛分布于世界各养羊国家，我国的青海、新疆和甘肃等地也有发生。

### 一、诊断技术

#### （一）掌握流行病学特点

本病发生于各种品种和年龄的绵羊，以3~6月龄的羔羊发病最多，常发生于春季、夏季和秋季。成年羊为常年散发，人和猫也可感染本病，其他动物不易感染。该病传染很快，常见为群发。传染源为病羊和其他带毒动物。皮肤和黏膜的擦伤为主要感染途径。本病在羊群中可连续危害多年。

#### （二）辨明主要症状

潜伏期为4~7日，人工感染为2~3天。羔羊病变常发于口角、唇部、鼻的附近、面部和口腔黏膜形成损害，成年羊的病变部多见于上唇、颊部、蹄冠部和趾间隙以及乳房部的皮肤。口腔内一般不出现病变。病轻的羊只在嘴唇及其周围散在地发生红疹，渐变为脓疱融合破裂，变为黑褐色疣状痂皮，痂皮逐渐干裂，撕脱后表面出血。病较重的羊，在唇、颊、舌、齿龈、软腭及硬腭上产生被红晕包围的水泡，水泡迅速变成脓疱，脓疱破裂形成烂斑。口中流出发臭的混浊唾液。哺乳病羔的母羊常见在初期为米粒大至豌豆大的红斑和水泡，以后变成脓疱并结痂。痂多为淡黄色，较薄，易剥脱。公羊阴鞘和阴茎肿胀，出现脓疱和溃疡。严重病例，特别是有继发感染和病羊体质衰竭时，在肺脏、肝脏等器官上，可能有类似坏死杆菌感染所引起的病变。有的病羊蹄部患病（几乎只发生在绵羊），在蹄叉、蹄冠、系部发生脓疱及溃疡。单纯感染本病时，体温无明显升高。如继发败血病则死亡率较高。

（三）诊断要领

本病诊断要点为：① 3~4 月龄的羔羊发病最多，可高达 90%；② 唇周缘、蹄、乳房、包皮、阴唇等处依次形成丘疹、水疱、脓疱、溃疡和厚痂等变化，但病变不波及体躯部皮肤。根据流行病学特点和典型临床症状可作出初步诊断，但要注意与羊痘、溃疡性皮炎、坏死杆菌病、蓝舌病、口蹄疫等类似症的鉴别。

（四）病料的送检

为进行确诊，可于病变局部采集水疱液、水疱皮、脓疱皮及较深层的痂皮送有关实验室进行病原学鉴定、动物接种试验及血清学诊断。

## 二、有效防治措施

（一）预防

（1）疫苗接种，此病一旦发生，传播非常迅速，隔离方法往往收不到理想效果，因此最好在常出现该病的羊群中进行疫苗接种。

（2）保持环境清洁，清除饲料或垫草中的芒刺和异物，防止皮肤黏膜受损。

（3）对新引进的羊只做好检疫，同时应隔离观察，并对其蹄部、体表进行消毒处理。

（4）发现病羊及时隔离治疗。被污染的草饲应烧毁。圈舍、用具可用 2%氢氧化钠或 10%石灰乳或 20%热草木灰水消毒。

（二）治疗

（1）对病羊应给予柔软易消化的饲料，加喂适量食盐以减少啃土、啃墙。保证其能随时喝到清洁饮水，用 0.2%~0.3%高锰酸钾冲洗创面或用浸有 5%硫酸铜的棉球擦掉溃疡面上的污物，再涂以 2%

龙胆紫或碘甘油（5%碘酊加入等量的甘油）或土霉素软膏，每日1~2次。遇到病情严重的羊只吃草料困难时，可给予鲜奶和稀料。

（2）蹄部病患可将蹄部置于5%福尔马林溶液中浸泡1~2分钟，连泡3次。也可再用3%龙胆紫溶液、1%苦味酸液或土霉素软膏涂拭患部。

## 第五节 绵羊痘

绵羊痘，俗称绵羊天花，是绵羊痘病毒引起的一种发热性、急性接触性传染病。其特征是在全身皮肤、有时也在黏膜上出现典型的痘疹，并有较高的死亡率。往往引起妊娠母羊流产，多数绵羊在发生严重的羊痘后即丧失生产力，使养羊业遭受到巨大的损失。

### 一、诊断技术

#### （一）掌握流行病学特点

病羊是本病的主要传染源。病毒随鼻分泌物、唾液、痘疹、渗出液和奶汁从病羊体内排出，主要通过呼吸道感染，也可经损伤的皮肤、黏膜侵入机体。仅发生于绵羊，而且羔羊比大羊敏感，细毛羊比粗毛羊易感，妊娠母羊感染后易发生流产。本病可发生于任何季节，但主要发生于冬末春初。气候严寒、霜冻、雨雪多，枯草和管理不良等均可促进本病的发生。病羊、病毒携带羊及新鲜尸体均是传染源，特别是在痘疹成熟期、结痂期和脱痂期的病畜，传染力更强。本病广泛分布于非洲和亚洲，我国的内蒙古、青海、新疆和甘肃等地皆有发生。

#### （二）辨明主要症状

本病的潜伏期为2~14天，病程为3~4周。典型病例病初精神沉郁，食欲不振，体温升高到41~42℃，脉搏和呼吸加快，结膜潮红，有浆液、黏液或脓性分泌物从鼻孔中流出。经1~4天后在全身的皮肤无毛和少毛部位（如唇、鼻、颊部、眼周围、四肢和尾的内面、乳房、阴唇、阴囊及包皮等）相继出现红斑、丘疹（结节呈白色或淡红色）、水疱（中央凹陷呈脐状）、脓疱、结痂。结痂脱落后遗留一红色或白色瘢痕，后痊愈。非典型病例不呈现上述典型经过，常发展到丘疹期而终止，呈现良性经过，即所谓的“顿挫型”。有的病例发生继发感染，痘疱化脓，坏疽、恶臭，并形成较深的溃疡，常为恶性经过，病亡率可达20%~50%。剖检可见前胃黏膜大小不等的圆形或半球形坚实结节，有的融合在一起形成糜烂或溃疡。咽和支气管黏膜也常出现痘疹，肺部有干酪样结节和卡他性炎症变化。

### （三）诊断要领

典型病例仅发生于绵羊，有流行性和群发性，皮肤、肺脏的痘疹病变十分特征，不难诊断。对非典型病例，特别是顿挫型，要仔细检查发病羊群，结合流行病学、病理变化和临床症状，一般也可作出初步诊断，同时可用病羊的痘液接种给健康羊进行诊断。要注意与丘疹性湿疹、传染性脓疱、坏死性皮炎及螨病相区别。

### （四）病料的送检

可采集病羊皮肤、黏膜上的丘疹、脓疱以及痂皮，有时也可采集鼻分泌物、发热期血液以及死亡动物内脏组织等病料，送有关实验室进行病原分离鉴定、动物接种试验、血清学试验等，以便确诊。

## 二、有效防治措施

### （一）预防

（1）平时加强饲养管理，增强羊的抵抗力，引进羊只时需严格隔离观察21天。

（2）定期进行疫苗接种，对羊痘常发区或受威胁区的羊只每年定期用羊痘疫苗免疫接种是主要的预防措施，不从疫区引进羊只。

（3）一旦发病，应认真实行隔离、封锁和消毒措施。被污染的环境、用具等，应用2%烧碱液、2%福尔马林、30%草木灰水或10%~20%的石灰乳进行彻底消毒。待最后一只病羊痊愈后两个月，方可解除封锁。

（二）治疗

首先应加强护理，注意卫生，给予易消化的饲料，在发疹期，要加强保温，铺上垫草，供给温水。对发病的羊只，皮肤上的痘疹可用碘甘油、碘酊或龙胆紫药水处理。黏膜上的痘疹可使用0.1%高锰酸钾、龙胆紫药水或碘甘油处理。发生继发感染时，可注射青霉素或磺胺类等药物。有条件的可用免疫血清治疗，每只羊皮下注射10~20毫升，必要时可重复注射1次。为了防止继发症，可使用磺胺类药物或青霉素、四环素等治疗。

## 第六节　羊坏死杆菌病

羊坏死杆菌病是由坏死杆菌引起的一种慢性传染病，特征表现为皮肤、皮下组织和消化道黏膜的坏死，有时在其他脏器上形成转移性坏死灶。本病在各种家畜所引起的病变虽然基本一致，但是侵害器官并不相同，在绵羊表现为腐蹄病。

### 一、诊断技术

（一）掌握流行病学特点

坏死杆菌在自然界分布很广，动物的粪便、死水坑、沼泽和土壤中均可存在，通过擦伤的皮肤和黏膜而感染，多见于低洼潮湿地区和多雨季节，呈散发性或地方性流行。本病发生于各种品种和年龄的绵羊，但改良品种更为常见，病情也更为严重。此病在我国各地均有发生，在西北牧区常呈地方性流行。本病痊愈后可以再发。本病发病率一般为70%，但死亡率低，病程慢性，长达数周至3个月，或更长时间。

（二）辨明主要症状

绵羊患坏死杆菌病多于山羊，常侵害蹄部，引起腐蹄病。初呈跛行，多为一肢患病，蹄间隙、蹄和蹄冠开始红肿、热痛，而后溃烂，挤压肿烂部有发臭的脓样液体流出。随病变发展，可波及腱、韧带和关节，有时蹄匣脱落。绵羊羔可发生唇疮，在鼻、唇、眼部甚至口腔发生结节和水泡，随后成棕色痂块。轻症病例能很快恢复，重症病例若治疗不及时，往往由于内脏形成转移性坏死灶或继发性感染而死亡。

### （三）临床诊断要领

该病在发病初期症状不明显，不易做出诊断。随着病情发展，根据腐蹄、不食、流涎等症状可确诊。

### （四）病料的送检

从病羊的病灶与健康组织的交界处采取病料，送有关实验室进行病原染色观察，必要时可送有关实验室进行病原分离培养及动物接种试验。

## 二、有效防治措施

### （一）预防

预防应加强管理，保持羊圈干燥，避免发生外伤，如发生外伤，应及时涂擦碘酊。

### （二）治疗

对羊腐蹄病的治疗，首先要清除坏死组织，用食醋、3%来苏儿或1%高锰酸钾溶液脚浴，然后用抗生素软膏涂抹；为防止硬物刺激，可将患部用绷带包扎；对于有深部瘘管的病例，还必须先以5%高锰酸钾处理，然后清除痂皮和坏死组织，并用10%硫酸铜液冲洗或脚浴。并结合肌内注射青霉素和链霉素；当发生转移性病灶时，应进行全身治疗，以注射磺胺嘧啶或土霉素效果最好，连用5日，并配合应用强心和解毒药，可促进康复。

## 第七节　羊快疫

羊快疫是由腐败梭菌引起的一种幼年绵羊的急性传染病，本病经消化道感染，主要发生于绵羊，山羊少发。发病突然，病程极短，其特征为突然死亡和急性出血性真胃炎性损害。

### 一、诊断技术

#### （一）掌握流行病学特点

本病一年四季均可发生，特别是秋冬和初春，气候骤变，阴雨连绵之际发病较多。一般发病羊多为3~6月龄营养较好的羔羊。绵羊对羊快疫敏感，但山羊也能感染本病。腐败梭菌常以芽孢的形式广泛存在于自然界中，特别是低洼草地、熟耕地及沼泽之中。当羊只采食了被腐败梭菌污染的饲草、饲料和饮水时，芽孢就经口进入消化道，在气候突变、饲养管理条件下降和机体抵抗能力降低等因素的诱导下，腐败梭菌即大量繁殖，产生多种外毒素，损害消化道黏膜，使其发炎、出血、坏死，而后进入血液，刺激中枢神经系统，引起急性休克，患羊迅速死亡。

#### （二）辨明主要症状

病羊突然发病，没有任何症状倒地死亡，有的死在牧场，有的死在羊舍内，病程稍缓者表现为离群独处，食欲废绝，卧地，不愿走动，运动失调，有的腹部膨胀，有腹痛、腹泻、磨牙、抽搐等症状。一般体温不高，有的可升高到41℃。口内流出带血色的泡沫，排粪困难，粪便杂有黏液或黏膜间带血丝，病羊最后极度衰竭昏迷，数分钟或几小时后死亡。病理变化表现为腹内膨胀，口腔、鼻腔和肛门黏膜呈蓝紫色并常有出血斑点，真胃出血性炎症变化显著，黏膜尤其是胃底部及幽门附近黏膜常有大小不等的出血斑块和坏死灶。黏膜下组织水肿，胸腔、腹腔、心包有大量积液，暴露于空气中易凝固。肝脏肿大呈土黄色，肺脏瘀血、水肿，全身淋巴结，特别是咽部淋巴结肿大、充血、出血。

### （三）临床诊断要领

生前诊断较困难，一般可根据流行病学资料和特征性的病理变化，如出血性真胃炎，进行初步诊断。细菌性检查对于本病的确诊具有重要意义。应注意与羊肠毒血症、羊黑疫和羊炭疽等类似病症相区别。

### （四）病料的送检

无菌采集濒死或刚刚死亡羊的脏器组织，送有关实验室进行病原分离鉴定及动物接种试验以便确诊。

## 二、有效防治措施

### （一）预防

（1）本病常发地区，每年定期注射羊快疫、猝狙、肠毒血症三联苗或羊快疫、猝狙、肠毒血症、羔羊痢疾、黑疫五联菌苗，羊只不论大小，一律皮下或肌内注射 5 毫升，接种后 2 周产生免疫力，保护期为半年。也可采用厌氧菌七联干粉苗（羊快疫、猝狙、肠毒血症、羔羊痢疾、黑疫、肉毒中毒、破伤风）。

（2）当本病严重发生时，转移牧地，可收到减弱和停止发病的效果。应将所有未发病的羊只转移到高燥地区放牧，早上不宜太早出牧。

（3）及时隔离病羊；对病死羊严禁剥皮利用，尸体及排泄物应深埋；被污染的圈舍和场地、用具，用 3%的烧碱溶液或 20%的漂白粉溶液消毒。

（4）对病羊的同群羊进行紧急预防接种。

### （二）治疗

由于本病病程短促，往往来不及治疗，因此，必须加强平时的防疫措施；对病程较长的病例可给予对症治疗，使用强心剂、肠道消毒药、抗菌素及磺胺类药物。可肌注青霉素每次 80 万~160 万单位，首次剂量加倍，每天3次，连用3~4天。或内服磺胺脒0.2克/千克体重，第二天减半，连用3~4天。必要时可将10%安钠咖10毫升加入500~1 000毫升5%~10%葡萄糖溶液中，静脉滴注。

## 第八节　羊肠毒血症

羊肠毒血症是由D型产气荚膜梭菌在羊肠道内迅速繁殖，产生大量毒素而引起的一种急性毒血症，为羊的一种急性非接触性传染病，发育和营养特别好的羊只最易患病，可侵害各种年龄的羊，主要发生于2月至1岁的绵羊。因本病死亡的羊，肾脏即呈软泥状，因此又称“软肾病”；该病多呈超急性经过，常见前一天晚上还健康的羊只于次日早晨死于羊舍中。由于其症状和病理变化与羊快疫非常相似，所以又称其为“类快疫”。

### 一、诊断技术

#### （一）掌握流行病学特点

本菌常见于土壤中，羊只饮食被D型产气荚膜梭菌污染的水或饲草后经消化道感染。在春末夏初、秋季牧草结籽的多雨季节，当羊采食大量富含蛋白质饲料时易发生。2~12月龄的绵羊最易发病，尤以3~12周的幼龄羊和肥胖羊较为严重，山羊较少发生。多为散发，在一个疫群内的流行时间多为30~50天。开始时发病较为猛烈，在200~300只的羊群中，每天死亡1~2只或3~4只不等，严重地区每天死亡7~8只，连续死亡几天，停歇几天后又连续发生，至后期则病情逐渐缓和，多为隔几天死亡1~2只，最后则自然停止，但从未发生过此病的邻近羊群又开始发病。

#### （二）辨明主要症状

潜伏期短，多数突然死亡。临床症状为羊只突然不安，四肢步态不一，四处奔走，眼神失灵，严重的高高跳起后坠地死亡。体温一般不高，食欲废绝、腹胀、腹痛、全身颤抖、头颈向后弯曲、转圈、口鼻流沫，眼球转动，磨牙，口水过多，排出黄褐色或血红色水样粪便，数分钟后至几小时内死亡。病程略长的早期步态不稳，卧倒，并有感觉过敏，流涎，上下颌“咯咯”作响，随后昏迷，角膜反射消失；有的病羊发生腹泻，3~4 小时内静静死去。病理变化为尸体膨胀，胃肠充满气体和液体，真胃内有未消化的饲料，肠道特别是小肠黏膜充血、出血，严重的整个肠壁呈红色或溃疡，肾变软如泥，犹如脑髓样，肝肿大、质脆，胆囊充盈肿大 2~3 倍，全身淋巴结肿大。肺脏出血、水肿，体腔积液，心脏扩张，心内、外膜有出血点。

### （三）临床诊断要领

年幼绵羊的病变比较显著，成年绵羊则颇不一致。软肾为本病的特征性病理变化。肠内容物、肾与其他内脏中有大量 D 型产气荚膜梭菌，小肠内可检出 ε-毒素。此外根据羊肠毒血症的病程短和流行病学等特点及细菌涂片检查，即可作出初步诊断。要注意与羊炭疽、巴氏杆菌病、大肠杆菌病及羊快疫的鉴别诊断。

### （四）病料的送检

为了迅速确诊，需采集小肠内容物、肾脏及淋巴结等病料送有关实验室进行染色观察、病原分离及 ε-毒素检查。

## 二、有效防治措施

### （一）预防

参照羊快疫或定期注射（每年春、秋）羊肠毒血症菌苗。在预防措施中，主要应考虑到促进肠蠕动增强的问题，应经常保证运动，不要喂过多的精料。给饲料中加入金霉素（22 毫克/千克），可以预防肠毒血症。在羊群出现病例较多时，对未发病羊只可内服 10%~20%的石灰乳 500~1 000毫升进行预防。

### （二）治疗

由于病程急促，药物治疗通常无效。对于病程较慢的病例，可以用以下方法治疗。

(1) 病羊注射羊肠毒血症高免血清30毫升，或肌内注射氯霉素，每次1.0克，1日2次，连用3~5天。

(2) 应用青霉素20万单位（每隔4~6小时肌内注射1次），链霉素1 000毫克和混旋氯霉素1 000毫克（每隔6~8小时肌内注射一次）进行治疗，第一次用药量加倍，直到治愈后12~18小时为止。

(3) 根据羊的大小，每次灌服10~20克磺胺脒，每日1次。

(4) 每次灌服0.5%高锰酸钾溶液200~250毫升可抑制和杀灭肠道内的产气荚膜梭菌。

## 第九节　羊猝狙

羊猝狙是由C型产气荚膜梭菌引起的一种急性传染病，山羊较少发生，临床上以突然死亡、急性腹膜炎、溃疡性肠炎和急性死亡为特征。

### 一、诊断技术

#### （一）掌握流行病学特点

发生于成年绵羊，以1~2岁绵羊发病较多，山羊亦可感染。常见于低洼、沼泽的湿地牧场，多发生于冬春季节，同时内寄生虫也是一重要的诱发因素。本病为散发或呈地方性流行，主要经消化道感染。

#### （二）辨明主要症状

C型产气荚膜梭菌随饲草和饮水进入消化道，在十二指肠和空肠内繁殖，产生毒素，尤其是β毒素，引起羊只发病。病程一般为3~6小时，往往在未见到症状即死亡。仅见病羊掉群，不安，突然无神，剧烈痉挛（羔羊的痉挛发作较成年羊明显），侧身倒地，咬牙，眼球突出，迅速死亡。也有在出现不安症状之后再转为昏迷而死亡的。死亡是由于毒素侵害与生命有关的神经元而发生休克所致。病变主要见于消化系统。十二指肠和空肠严重充血、糜烂，有的可见大小不等的溃疡。胸腔、腹腔和心包大量积液，暴露于空气中可形成纤维素絮块。肾不软，但肿大。死亡8小时内，由于病原菌在肌肉和其他一些器官内继续繁殖并引起病变，因此尸体剖检时可见肌肉间隔积聚血样液体，有气性裂孔，骨骼肌的这种变化与黑腿病的病变十分相似。

### （三）临床诊断要领

根据1~2岁的绵羊突然发病死亡，剖检可见十二指肠和空肠严重充血、糜烂，体腔和心包的积液等临床症状、病理剖检结果及流行病学特点可作初步诊断。应注意与其他羊快疫类疾病、炭疽、巴氏杆菌病等类似症的鉴别。

### （四）病料的送检

采集体腔渗出物、脾脏等病料送有关实验室进行细菌学检查；送检小肠内容物进行毒素检验以确定菌型。

## 二、有效防治措施

该病由于发病急，病程短，往往来不及治疗，主要应该做好预防工作，在本病流行地区，每年应对羊群普遍进行三联菌苗或五联菌苗注射。免疫母羊所产的羔羊，可由母乳获得抗C型肠毒血症的被动免疫，因此，对于免疫母羊所生的羔羊，在30日龄前不宜接种多价菌苗，但对非免疫母羊所生的羔羊，可以从15~20日龄开始接种疫苗，其他防治措施参照羊快疫和羊肠毒血症。

# 第十节 羔羊梭菌性痢疾

羔羊梭菌性痢疾习惯上称为羔羊痢疾，是由B型产气荚膜梭菌引起的初生羔羊的急性毒血症。以剧烈腹泻、小肠出血性炎症和小肠溃疡为特征。本病经常使羔羊发生大批量的死亡，给养羊业带来巨大的经济损失。

## 一、诊断技术

### （一）掌握流行病学特点

本病呈地方性流行，多在产羔末期发生，主要危害7日龄以内的羔羊，其中又以2~3日龄的发病较多，7日龄以上的羔羊很少患病。B型产气荚膜梭菌通过羔羊吮乳、饲养人员的手和羊的粪便经消化道进入羔羊体内，也可能通过脐带或创伤。在外界不良诱因的影响下，羔羊的抵抗力下降，细菌在小肠特别是回肠里大量繁殖，产生毒素，引起发病。促进羔羊痢疾发生的不良诱因主要是母羊怀孕期营养不良，羔羊体质瘦弱，气候寒冷，羔羊饥饱不匀。因此羔羊痢疾的发生也表现一定的规律性，草质差、气候寒冷或变化较大的月份发病最为严重。

### （二）辨明主要症状

症状根据细菌毒力的强弱而不同，一般潜伏期为1~2天，病初精神萎靡，低头拱背、不想吃奶，不久就发生腹泻，粪便稀薄如水、恶臭，到了后期，带有血液，直至血便。羔羊逐渐消瘦，卧地不起，如不及时治疗，常在1~2天内死亡。有的腹胀而不下痢，或只排少量稀粪，有时带血，表现神经症状，四肢瘫软，卧地不起，呼吸快，体温降至常温以下，常在数小时至十几小时内死亡。病理变化为尸体严重脱水。最显著的病理变化在消化道，第四胃内往往有未消化的凝乳块，小肠（特别是回肠）黏膜充血，常可见多个直径为1~2毫米的溃疡，有的肠内容物为红色。肠系膜淋巴结充血肿胀，间或出血。心包积液，心内膜有时有出血点。肺常有充血区域或瘀斑。

### （三）临床诊断要领

根据本病主要危害1周龄以内的绵羔羊、腹泻和腹痛症状以及出血性或出血坏死性肠炎的病理变化等即可作出初步诊断。要注意与沙门氏菌病、大肠杆菌病等类似症的鉴别。

### （四）病料的送检

生前可采集粪便，死后应从新鲜尸体采集肝脏、脾脏以及小肠内容物等病料，送有关实验室进行病原染色观察、病原分离及毒素检查，以便作出确诊。

## 二、有效防治措施

### （一）预防

（1）加强孕羊饲养，母羊每年秋季注射五联苗，产前 2~3 周再免疫 1 次。

（2）注意产羔期的卫生消毒和护理，对新生羔羊加强保温，保证吃足初乳。

（3）在发病地区采用抗生素预防，羔羊出生后 12 小时内开始口服土霉素，每次 0.15~0.2 克，每天 1 次，连服 3~5 天。

（4）调整配种季节，避开天气最冷的时候产羔。

（5）一旦发病迅速隔离病羔，彻底对污染的环境和工具消毒。如果发病羔羊很少，可考虑将其宰杀，以免扩大传播。

### （二）治疗

（1）土霉素 0.2~0.3 克，或加胃酶 0.2~0.3 克，加水灌服，每日两次，连服 2~3 天。

（2）0.1%高锰酸钾水 10~20 毫升灌服，每日两次。

（3）磺胺脒 0.5 克，鞣酸蛋白 0.2 克，次硝酸铋 0.2 克，重碳酸钠 0.2 克，或再加呋喃唑酮 0.1~0.2 克，加水灌服，每日 3 次。

（4）针对其他症状，对症治疗。

（5）羔羊出生后 12 小时内，灌服土霉素 0.15~0.2 克，每日 1 次，连服 3 天，有一定的预防效果。

（6）用抗羔羊痢疾血清治疗，发病早期进行大腿内侧皮下注射，剂量为 10~20 毫升。

## 第十一节　羊黑疫

羊黑疫又称传染性坏死性肝炎，是由 B 型诺维氏梭菌引起的山羊和绵羊的一种急性高致死性毒血症。本病以肝脏实质的坏死病灶、高度致死性毒血症为特症。本病不侵害羔羊，主要发生于2~4岁营养良好的成年绵羊。

## 一、诊断技术

### （一）掌握流行病学特点

本病主要在春夏于肝片吸虫流行的低洼潮湿地区发生。诺维氏梭菌广泛存在于土壤中，当羊采食被此菌芽孢污染的饲料、饲草后，芽孢由肠道壁进入肝脏，当羊感染肝片吸虫后，肝片吸虫幼虫的游走损害肝脏，使肝脏的氧化-还原电位降低，存在于该处的芽孢即获得适宜条件，迅速繁殖，产生的毒素进入血液，发生毒血症，导致休克而死亡。因此本病的发生与肝片吸虫的感染密切相关。本菌可感染1岁以上的绵羊和山羊，2~4岁羊发病最多，牛偶尔也可感染。

### （二）辨明主要症状

病羊表现的临床症状与羊快疫和肠毒血症极为相似。病程急促，绝大多数未见症状，即突然死亡。少数病例病程可拖延1~2天，但最多没有超过3天。病羊在放牧时掉群、食欲废绝、精神沉郁、呼吸困难、反刍停止、体温在41.5℃左右，呈昏睡俯卧。并保持这种状态下死亡。病理变化为尸体皮下静脉显著充血，致使羊的皮肤呈暗黑色（黑疫之名由此得来），胸腹腔和心包大量积液，真胃幽门部和小肠充血、出血。肝脏充血、肿胀，表面可见到或摸到多个坏死灶，坏死灶的界限明显，灰黄色，不整圆形，周围常见一鲜红色的充血带围绕，坏死灶直径可达2~3厘米，切面呈半圆形，其中偶见肝片吸虫幼虫。

### （三）临床诊断要领

根据流行病学特点、典型症状及剖检变化可作出初步诊断。因为病羊死亡很快，所以主要根据尸体剖检的特点进行诊断，例如肝脏有坏死性病灶、心包液很多以及肝片吸虫损害等。要注意与羊快疫、羊肠毒血症及炭疽等类似疾病的鉴别。

(四) 病料的送检

采集肝脏坏死灶边缘与健康组织相邻接的肝组织，也可采集脾脏、心血等材料送有关实验室进行染色镜检、病原分离培养、动物接种和毒素检查，以便确诊。

## 二、有效防治措施

(一) 预防

(1) 本病的流行区应搞好肝片吸虫的防治工作。

(2) 于每年春秋两季定期注射羊快疫、羊肠毒血症、羊猝狙、羔羊痢疾和羊黑疫五联苗，保护期可达半年。

(二) 治疗

(1) 当羊群发病时，应将羊群移入高燥地区，同时可用抗诺维氏梭菌抗血清（1 500单位/毫升）进行皮下或肌内注射，每只羊 10~15 毫升进行预防。

(2) 病程稍缓的病羊，可肌内注射 80 万~160 万单位的青霉素，每日 2 次，连续 3 天。

(3) 在发病早期，也可用抗诺维氏梭菌抗血清进行静脉或肌内注射，每次 50~80 毫升，必要时可重复用药 1 次。

# 第十二节　羊放线菌病

放线菌病为革兰氏阴性菌牛放线菌和林氏放线杆菌引起的一类慢性传染病，牛最常见，绵羊及山羊较少，但牛与绵羊、山羊可以互相传染。本病的特征是头部、皮下及皮下淋巴结呈现脓疡性的结缔组织肿胀，形成放线菌肿。

## 一、诊断技术

### （一）掌握流行病学特点

本菌常存在于污染的饲料和饮水中，抵抗力不强，易被普通消毒剂杀死，但菌块菌芝干燥后能活 6 年，对日光的抵抗力亦很强，在自然环境中能长期生存。当健康羊的口腔黏膜被草芒、谷糠或其他粗饲料刺破时，细菌即趁机由伤口侵入软组织，如舌、唇、齿龈、腭及附近淋巴结。有时损害到喉、食道、瘤胃、肝、肺及浆膜。本病为散发性，很少呈流行性。

### （二）辨明主要症状

常见下颌骨肿大，有界限性的不能移动的肿胀，触摸时有痛感。肿胀发展缓慢，最初的症状是下唇和面部的其他部位增厚。随后唇部、头下方及颈部发肿，形成直径达 5 厘米左右、单个或多个的坚硬结节。有时肿胀增大迅速，1～2 月内有可能蔓延至面骨的大部分。口腔内的硬腭肿大。如果鼻骨肿大，可能发生吸气和饮食困难。有些病区骨头常逐渐发生稀疏性骨炎，皮肤附着于骨骼，表面由于脓肿破裂，其排出物使毛粘成团块，于是形成痂块，有时形成瘘管，有脓液流出，未破的病灶均为纤维组织，很坚固。有的肿胀停止在某一阶段，甚至完全停止发展。此后瘘管与肉芽愈合，但数月以后仍有复发的可能。病羊不能采食，消瘦，衰弱。乳房患病时，呈弥漫性肿大或有局灶性硬结。

### （三）临床诊断要领

根据特征性的临床症状及流行病学特点可作出诊断。应注意与羊口疮、干酪样淋巴结炎、结核病以及普通化脓菌所引起的脓肿等类似症相区别。放线菌病为结节状或大疙瘩，羊口疮则导致形成红疹和脓疱，累积较厚的痂块；干酪样淋巴结炎常发生于肩前淋巴结和股前淋巴结；结核病很少发生于头部且结节较小。普通脓肿一般硬度较小，脓液很少为绿黄色。

### （四）病料的送检

可采集病羊的肿胀组织送有关实验室进行病原学鉴定。

## 二、有效防治措施

### （一）预防

（1）因为粗硬的饲料可以损伤口腔黏膜，促进放线菌的侵入，所以喂料时应将蒿秆、谷糠或其他粗饲料浸软后再喂。

（2）注意饲料及饮水卫生，避免到低湿地区放牧。

### （二）治疗

（1）碘剂治疗。① 静脉注射 10%碘化钠溶液，并经常给病区涂抹碘酒。碘化钠的用量为 20～25 毫升，每周一次，直到痊愈为止。由于侵害的是软组织，故静脉注射相当有效，轻型病例往往 2～3 次即可痊愈。② 内服碘化钾，每天 1～3 克，连用 2～3 周。如果应用碘剂引起碘中毒，应即停止治疗 5～6 天或减少用量。中毒的主要症状是流泪、流鼻涕、食欲消失及皮屑增多。③ 用碘化钾 2 克溶于 1 毫升蒸馏水中，再与 5%碘酊 2 毫升，一次注射于患部。

（2）手术治疗：病羊形成较小的脓肿可采取封闭疗法，在脓肿周围使用 200 万单位链霉素、240 万单位青霉素、0.5%普鲁卡因 5 毫升，分成 3～5 点进行分点注射，每天 2 次，连续使用 4 天。对于较大的脓肿，用手术切开排脓，然后给伤口内塞入碘酒纱布，1～2 日更换 1 次，直到伤口完全愈合为止。如果伤口快愈合后又逐渐肿大，这是因为施行手术后没有彻底消毒，病菌未完全杀灭，导致重新复发。在这种情况下，可给肿胀部位注入 1～3 毫升复方碘溶液（用量根据肿胀大小决定）。注射以后病部会忽然肿大，但以后会逐渐缩小，达到治愈。

（3）抗生素治疗：给患部周围注射链霉素，每日 1 次，连续 5 日为 1 个疗程。

（4）将链霉素与碘化钾联用，效果更佳。

（5）治疗过程中，注意补充适量的营养，并对伤口加强护理，避免感染。

## 第十三节　附红细胞体病

附红细胞体病是一种由立克次氏体所引起的热性溶血性人畜共患的传染病，主要由吸血昆虫传播。其病原为附红细胞体，该病原能够寄生于多种动物的红细胞或血浆中，对低温抵抗力较强。本病主要特征是黄疸性贫血和发热，结膜苍白或黄染，妊娠母羊发生流产、产出死胎，严重时还会导致死亡。

### 一、诊断技术

#### （一）掌握流行病学特点

本病一年四季均可发病，主要发生于温暖的季节，即夏、秋体外寄生虫如蜱、螨、虱、蚊、蝇活动的季节比较容易出现发病，特别是多雨之后，往往呈地方性流行，妊娠母羊比较容易出现发病，尤其是主要危害断奶后的羔羊，具有较高的发病率和死亡率。易感羊群混入感染羊只是引起该病发生的主要因素，并可通过吸血昆虫叮咬、胎盘的垂直传播、污染的针头、手术器械和交配等方式传播。

#### （二）辨明主要症状

病初体温升高（40～40.7℃），精神沉郁、消瘦、贫血、食欲减少，同时伴有腹泻，排出稀薄粪便，混杂黏液或者血液，并散发恶臭味，可视黏膜苍白，黄疸和呼吸困难。后期眼球下陷，结膜苍白，严重黄疸，极度消瘦，精神萎靡，个别有神经症状。可能出现末端发绀，如耳朵发紫等。最后体温下降，痛苦呻吟而死。母羊患病后会导致生产性能降低，受胎率低，孕羊在新鲜草料减少时常出现流产。病理变化表现为全身肌肉消瘦、色淡，血液稀薄，有的呈酱油色，有的呈淡黄色或淡红色，血液凝固不良；心脏质软，心外膜和冠状脂肪出血和黄染；肝肿大变性，呈土黄色或黄红色，脾显著肿大，肺有小出血点，切开有多量泡沫；肾脏肿大变性有贫血性梗死区，由于含铁血黄素沉着，髓质呈粉红色，皮质呈暗黑色，膀胱黏膜黄染并有深红色出血点；淋巴结水肿，血凝不全，瘤胃轻度积食。有时有腹水、心包积水。

### （三）临床诊断要领

根据临床症状特点及用抗生素治疗无效的事实，可以作出初步诊断。要注意与羊的泰勒虫、巴贝斯虫病及无浆体病的鉴别。

### （四）病料的送检

采集病羊耳尖血液制备血液涂片，或将抗凝血直接送有关实验室进行病原学鉴定，以便确诊。

## 二、有效防治措施

### （一）预防

（1）加强饲养管理，补充精料以增强羊只的抗病力，同时保证羊舍通风干燥。

（2）采用血涂片检查方法对新引入的羊群进行检查，只有未感染的羊才能引入。

（3）通过药浴方法控制蜱、螨、虱、蚊、蝇等外寄生虫。

（4）做好器械消毒（耳号钳、剪尾钳、去势刀、注射针头等），减少人为机械传播机会。

### （二）治疗

（1）用血虫净按每千克体重3~5毫克，现配现用，每天1次，连续使用2~4天。病羊配合使用抗生素和解热药进行对症治疗，防止出现继发感染。如果病羊症状较重或者体质较弱，可配合静脉注射适量的由葡萄糖、氨基酸、维生素C等组成的混合溶液，用于增强体质。症状消失后用阿散酸制丸，按每千克体重5~8毫克，每天1次，连用5天。

（2）肌内注射长效土霉素，按每千克体重11毫克，连续2~

3天。

## 第十四节　羊布氏杆菌病

羊布氏杆菌病是由布鲁氏杆菌引起的以流产为特征的一种慢性、接触性传染病。特征是生殖器官和胎膜发炎，流产、不育和各种组织的局部病灶、炎性坏死和化脓。此病在世界范围广泛分布，引起不同程度的流行。给养羊业和人类健康造成巨大危害。

### 一、诊断技术

#### （一）掌握流行病学特点

本病的传染源是病畜及带菌动物。尤以受感染的妊娠母畜最为危险，它们在流产或分娩时将大量布鲁氏杆菌随胎儿、胎水和胎衣排出，而且流产后的阴道分泌物和乳汁中都含有该菌。主要传播途径为消化道、生殖器官、眼结膜和损伤的皮肤都可感染。吸血昆虫也可传播本病。如牛羊群共同放牧，可发生牛种和羊种布氏杆菌的交叉感染。羊性成熟后极易感染此病。

#### （二）辨明主要症状

本病症状表现轻微，有的几乎不显任何症状，首先发现的就是流产。流产多发生在妊娠3~4个月。早期流产的胎儿，在流产前已死亡；发育完全的胎儿流产后很衰弱，常很快死亡。母羊在流产前精神沉郁，常喜卧，食欲减退，体温升高，从阴道内流出分泌物，有时掺杂血液。有的山羊流产2~3次，有的则不发生。有时患病羊发生关节炎和滑液囊炎而致跛行；少部分病羊发生角膜炎和支气管炎，公畜多发睾丸炎和附睾炎，乳山羊乳房炎较早出现，乳汁有结块，乳量可能减少，乳房组织有结节性变硬。布氏杆菌病的病变多发生在生殖器官和关节，不影响家畜生命，故不被人重视，易留下后患。剖检可见胎衣部分或全部呈黄色胶样浸润，其中有部分附有纤维蛋白或脓液，胎衣增厚并有出血点；流产胎儿主要为败血症病变，浆膜与黏膜有出血点与出血斑，脾脏和淋巴结肿大，肝脏出现坏死灶。有时可见到纤维素性胸膜炎、腹膜炎变化及局部淋巴结肿大。胎儿的胃特别是第四胃中有淡黄色或灰白色黏性絮状物，肠胃和膀胱的浆膜下可见点状出血或线状出血。

### （三）临床诊断要领

流行病学特点、流产、胎儿胎衣的病理变化、胎衣滞留以及不育等可作出初步诊断。但要注意与弓形虫、衣原体等以流产为主要特征的疾病相区分。

### （四）病料的送检

可用胎盘绒毛叶组织、流产胎儿胃液或阴道分泌物制备抹片，送有关实验室进行病原学检查；送检流产胎儿、产后排泄物或病羊的网状内皮细胞进行病原的分离；也可采集病羊的血清进行免疫学诊断。

## 二、有效防治措施

本病一般不进行治疗，而采取检疫、淘汰、免疫接种相结合的措施进行预防。

（1）应采取“预防为主”的方针。应坚持自繁自养，搞好杀虫、杀鼠，严禁到疫区买羊。必须引进种畜或补充畜群时要严格检疫，将羊隔离饲养 2 个月，同时进行布氏杆菌病的检查，全群 2 次检查为阴性才可与原有羊群接触。对净化的畜群要定期检疫，患病的家畜没有治疗价值，应全部淘汰。消灭传染源；若发现流产，应马上隔离流产畜，清理流产胎儿、胎衣，对环境进行彻底的消毒，并尽快做出诊断。同时，要确实做好个人的防护，如戴好手套、口罩，工作服经常消毒等。

（2）疫苗接种是控制本病的有效措施。我国选育的猪布鲁氏菌 2 号弱毒苗（简称猪型 2 号苗）和马耳他布鲁氏菌 5 号弱毒苗（简称羊型 5 号苗）对山羊、绵羊都有较好的免疫效力，可用于预防该病。

（3）各级必须遵照《家畜家禽防疫条例》，严格执行产地检疫，未经检疫，不得运输和屠宰。

（4）实践证明，检出带菌畜消灭传染源，免疫健康畜增强抗病力，是控制布氏杆菌病的有效措施。

## 第十五节 结核病

结核病是由结核分枝杆菌所引起的人畜共患慢性传染病，病羊以多种组织器官形成肉芽肿和干酪样、钙化的结节为特征。

### 一、诊断技术

#### （一）掌握流行病学特点

本病可侵害多种动物，但易感性因动物种类和个体差异而不同。在家畜中牛最易感，羊少发。结核病患畜（禽）是本病的传染源。特别是开放性结核患畜（禽），通过痰液、粪尿、乳汁和生殖道分泌物各种途径向外排菌，污染饲料、食物、饮水、空气和环境散播传染本病。本病主要通过呼吸道和消化道感染，也有可能通过交配感染。病菌随咳嗽、喷嚏排出体外，存在于空气飞沫中，羊食用细菌污染的饲料和饮水，或吸入含有细菌的空气，即可通过消化道和呼吸道受到传染。饲养管理不当与本病的传播有密切联系，畜舍通风不良、拥挤、潮湿、阳光不足、缺乏运动，最易患病。结核杆菌侵入机体后，如果机体抵抗力强，局部的原发性病灶局限化。长期甚至终生不扩散。如果机体抵抗力弱，疾病进一步发展，细菌经淋巴管向其他一些淋巴结扩散，形成继发性病灶。如果疾病继续发展，细菌进入血流，散布全身，引起其他组织器官的结核病灶或全身性结核。

#### （二）辨明主要症状

潜伏期长短不一，短者十几天，长者数月甚至数年。奶山羊、波尔山羊的结核病有报道，但绵羊和山羊的结核病较少见。国外资料表明绵羊有感染牛型菌和禽型菌者，山羊有感染人型菌的个别病例。病羊体温多在正常范围内，有时稍有升高，消瘦，被毛干燥，精神不振，多为慢性经过，临床症状不明显。个别病羊前肢或腕关节会发生慢性浮肿，乳房肿大溃疡，后期体温升高、贫血、呼吸带臭，死前高声惨叫。当患肺结核时，病羊咳嗽，听诊肺部有干啰音，流黏脓性鼻液；当乳房被感染时，乳房硬化，乳房和乳上淋巴结肿大；当患肠结核时，病羊有持续性消化机能障碍，便秘、腹泻或轻度胀气。绵羊结核病多见于肺和胸部淋巴结，肝和脾结核病灶亦常发生。死于结核病的羊主要病变在肺脏和其他器官以及浆膜上形成特异性结节和干酪样坏死灶。

（三）临床诊断要领

当羊只发生不明原因的渐进性消瘦、咳嗽、肺部异常、慢性乳腺炎、顽固性下痢、体表淋巴结慢性肿胀等，可作为疑似本病的依据，但仅根据临床症状很难确诊；通过剖检在死亡病畜体内发现特异性结核病变，不难作出诊断。用结核菌素作变态反应对畜群进行检疫，是诊断本病的主要方法。具体做法为：用稀释的牛型和禽型两种结核菌素同时分别皮内接种 0.1 毫升，72 小时内若局部有明显的炎症反应，皮厚差在 4 毫米以上者即判定为阳性。

（四）病料的送检

可采取病灶、痰、尿、粪便、乳及其他分泌液等病料送有关实验室作抹片镜检、分离培养和接种实验动物。

## 二、有效防治措施

（一）预防

主要采取综合性防疫措施，防止疾病传入，净化污染群，严格隔离病羊与健康羊只，禁止病羊与健康羊只之间发生任何直接接触或间接接触，例如放牧时对病羊单独使用一个牧道或牧场。培育健康畜群，对于病羊所生产的羔羊，应立即采用 3%克辽林或 1%来苏儿溶液进行消毒洗涤，同时要用健康羊只的奶对其进行哺乳，不得采用病羊的奶哺乳。若病羊数量不多，可考虑将其全部宰杀。平时加强防疫、检疫和消毒措施。

（二）治疗

本病一般不主张治疗，而采用淘汰病羊的方法。若病羊为优良品种确需治疗时，可在隔离条件下试用链霉素、异烟肼等抗结核药物治疗。链霉素按10毫克/千克体重肌内注射，每日2次，连用数日；异烟肼按8毫克/千克体重灌服，每日3次，连用1个月。

## 第十六节　羊炭疽

炭疽是由炭疽杆菌引起的人畜共患的急性、热性、败血性传染病。羊炭疽多急性，病羊兴奋不安，行走摇晃，呼吸困难，黏膜发绀，全身战栗，突然倒地死亡，天然孔出血。本病世界各地均有发生。

### 一、诊断技术

#### （一）掌握流行病学特点

各种家畜及人对该病都有易感性，羊的易感性高，病羊是主要传染源，濒死病羊体内及其排泄物中常有大量菌体，当尸体处理不当，炭疽杆菌形成芽孢并污染土壤、水源、牧地，则可成为长久的疫源地。羊吃了污染的饲料和饮水即被感染，也可经呼吸道、皮肤及吸血昆虫叮咬而感染。多发于夏季，呈散发或地方性流行。不少地区因输入疫区的病畜产品而引起该病的暴发。

#### （二）辨明主要症状

本病潜伏期一般为1~5天，多为最急性，一般发生在炭疽流行的初期，表现为羊突然发病，患羊昏迷，眩晕，摇摆，倒地，呼吸困难，结膜发绀，全身战栗，磨牙，口、鼻流出血色泡沫，肛门、阴门等天然孔流出血液，且不易凝固，数分钟即可死亡，尸体长时间不僵直。急性型病羊体温升高到40~42℃，精神沉郁，食欲减少或者废绝，瞳孔散大，恶寒战栗、心悸亢进、脉搏细弱、呼吸困难。可视黏膜变成蓝紫色并且有小的出血点。初期便秘，后期下痢并且带有血便，有时候腹痛，尿液呈暗红色，有时候混有血尿，濒死时体温下降很快，呼吸非常困难，唾液和排泄物呈暗红色。羊病情缓和时，兴奋不安，行走摇摆，呼吸加快，心跳加速，黏膜发绀，后期全身痉挛，天然孔出血，数小时内即可死亡。外观可见尸体迅速腐败而极度膨胀，天然孔流血，血液呈煤焦油样，凝固不良，可视黏膜发绀或有点状出血。注意对死于炭疽的羊，严格禁止剖检！

（三）临床诊断要领

根据症状可作出初步诊断。凡怀疑是炭疽病的羊，均禁止剖检，以防污染环境。应注意与羊快疫、羊肠毒血症、羊猝狙、羊黑疫等类似症的鉴别。

（四）病料的送检

病羊生前采取耳静脉血，死羊可从末梢血管采血涂片，送有关实验室进行微生物学检查。

## 二、有效防治措施

（一）预防

（1）在发生过炭疽病的地区，每年要对羊接种一次Ⅱ号炭疽芽孢菌苗 1 毫升。春季可对新引进的羊或新生的羔羊补种。接种前要作临床检查，必要时检查体温。瘦弱、体温高、年龄不到 1 个月的羔羊，以及怀孕已到产前 2 个月内的母羊，不能进行预防接种。接种过疫苗的山羊要注意观察，如发现有并发症，要及时治疗。无毒炭疽芽孢苗（对山羊毒力较强，不宜使用），对绵羊可皮下接种 0.5 毫升。

（2）炭疽病的主要传染源是病畜，所以有炭疽病例发生时，应及时隔离病羊，对污染的羊舍、用具及地面要彻底消毒，可用 10%热碱水或 2%漂白粉连续消毒 3 次，间隔 1 小时。羊群除去病羊后，全群用抗菌药 3 天，有一定预防作用。山羊和绵羊炭疽病程短，常来不及治疗，对病程稍缓和的病羊可采用特异血清疗法结合药物治疗。病羊皮下或静脉注射抗炭疽血清 50~120 毫升，必要时于 12 小时后再注射 1 次，病初应用效果好。

（3）患炭疽病死亡的羊，严禁剥皮吃肉或剖检，否则，炭疽杆菌形成芽孢，污染土壤、水源和牧地。必须把尸体和沾有病羊粪、尿、血液的泥土一起烧掉或深埋盖以石灰，且深埋的地点要远离水源、道路和牧场。住过病羊的羊舍及用具要用10%~30%的漂白粉或10%硫酸石炭酸溶液彻底消毒。

（4）病的来源应该及早查明，如由饲料传染，应立即更换，危险场地应停止放牧。应尽快上报疫情，划定疫点、疫区，采取隔离封锁等措施。禁止患病羊的流动，发病动物群要逐一测温，温度升高的动物可用抗生素或抗炭疽血清注射，受威胁区假定健康羊做紧急预防接种，逐日观察2周。

### （二）治疗

本病一般不主张治疗，而采用淘汰病羊的方法。若病羊为优良品种确需治疗时，可在隔离条件下试用青霉素和土霉素治疗。其中青霉素最为常用，剂量按每千克体重1.5万单位，每8小时肌内注射1次。

## 第十七节　羊副结核病

副结核病又称副结核性肠炎，是牛、绵羊、山羊的一种慢性接触性传染病。临床特征为顽固性腹泻，进行性消瘦，肠黏膜增厚并形成皱襞。该病的病原为副结核分枝杆菌，具有抗酸染色特性，对外界环境的抵抗力较强，在污染的牧场、圈舍中可存活数月，在自来水里可存活9个月之久。对热抵抗力差，75%酒精和10%漂白粉能很快将其杀死。

## 一、诊断技术

### （一）掌握流行病学特点

副结核分枝杆菌主要存在于病畜的肠道黏膜和肠系膜淋巴结，通过粪便排出，污染饲料、饮水等，经消化道感染健康家畜。一些病例还可借泌乳、排尿和胎儿排出病菌而传播本病。幼龄羊的易感性较大，大多在幼龄时感染，经过很长的潜伏期，到成年时才出现临床症状，特别由于机体的抵抗力减弱，饲料中缺乏无机盐和维生素，容易发病。本病散播较慢，各个病例的出现往往间隔较长时间，因此从表面上似呈散发性，实质为地方性流行。

### （二）辨明主要症状

副结核杆菌侵入肠道后在肠黏膜和黏膜下层繁殖，引起肠道损害。影响动物消化、吸收等正常活动。病羊体重逐渐减轻，间断性或持续性腹泻，粪便呈稀粥状，无明显体温反应；患羊起初仍见保持食欲，以后有所减退。发病数月后，病羊消瘦、衰弱、脱毛、卧地，患病末期可并发肺炎，转归多为死亡。感染羊群的发病率为1%~10%。多数归于死亡。

### （三）临床诊断要领

根据病羊特殊的病理变化、持续腹泻和慢性消耗等症状可作出初步诊断。尸体常极度消瘦。病变局限于消化道，回肠、盲肠和结肠的肠黏膜整个增厚或局部增厚，形成皱褶，像大脑皮质的回纹状，肠系膜淋巴结坚硬，色苍白，肿大呈索状。对于没有临床症状或症状不明显的病羊，可用副结核菌素或禽型结核菌素0.1毫升，注射于尾根皱皮内或颈中部皮内，经48~72小时，观察注射部的反应，局部发红肿胀的，可判为阳性。应注意与胃肠道寄生虫病、营养不良、沙门氏菌病等类似症的鉴别。寄生虫病在粪便中常发现大量虫卵，剖检时在胃肠道里有大量的寄生虫，肠黏膜缺乏副结核病的皱褶变化。营养不良多见于冬春枯草季节，病羊消瘦、衰弱；在早春抢青阶段，也会发生腹泻，但肠道缺乏副结核病的病理变化。沙门氏菌病多呈急性或亚急性经过，粪便中能分离出致病性沙门氏菌。

### （四）病料的送检

取疑似病羊或病死羊的直肠刮取物或粪便、肠系膜淋巴结、心、血、肝、脾、肺送有关实验室进行病原学检验，以作出确诊。

## 二、有效防治措施

羊副结核病无治疗价值。发生本病的地区和羊群应采取检疫、隔离、消毒和处理病羊等综合性防疫措施。发病后的预防措施包括：病羊群用变态反应每年检疫4次；对出现临床症状或变态反应阳性的病羊及时淘汰；感染严重、经济价值低的一般生产群应立即将整个羊群淘汰，对圈栏应彻底消毒，并空闲1年后再引入健康羊。

# 第十八节　羊狂犬病

狂犬病俗称“疯狗病”，又名“恐水病”，是由狂犬病病毒引起的多种动物共患的急性接触性传染病。本病以神经调节障碍、反射兴奋性增高、发病动物表现狂躁不安、意识紊乱、怕风、咽肌痉挛、进行性瘫痪为特征，最终发生麻痹而死亡。本病在世界很多国家存在，造成人畜死亡。近年来不少国家通过采取疫苗接种和综合防治措施，已消灭了此病。我国的狂犬病主要由犬传播，家犬可以成为无症状携带者，在部分地区仍导致本病的发生。

## 一、诊断技术

### （一）掌握流行病学特点

本病以犬类易感性最高，羊和多种家畜及野生动物均可感染发病，人也可感染。传染源主要是患病动物以及潜伏期带毒动物，野生的犬科动物（如野犬、狼、狐等）常成为人、畜狂犬病的传染源和自然保毒宿主。患病动物主要经唾液腺排出病毒，以咬伤为主要传播途径，也可经损伤的皮肤、黏膜感染。经呼吸道和口腔途径感染也已得到证实。本病一般呈散发性流行，一年四季都有发生，但以春末夏初多见。羊的狂犬病病例较少见，在询问病史时，患羊多有被狂犬咬伤的病史。

### （二）辨明主要症状

潜伏期的长短与感染部位有关，最短8天，长的达1年以上。本病在临床上分为狂暴型和沉郁型两种。狂暴型病畜初精神沉郁，反刍减少、食欲降低，不久表现起卧不安，出现兴奋性和攻击性动作，追赶其他羊只，跳越饲槽，冲撞墙壁，磨牙流涎，性欲亢进，攻击人畜等。患病动物常舔咬伤口，使之经久不愈，后期发生麻痹，病羊表现伸颈，吞咽困难，口腔流涎，瘤胃臌气等症状，最终倒地不起，心力衰竭死亡。沉郁型病例多无兴奋期或兴奋期短，很快转入麻痹期，出现喉头、下颌、后躯麻痹，动物流涎、张口、吞咽困难，最终卧地不起而死亡。尸体常无特异性变化，病尸消瘦，一般有咬伤、裂伤，口腔黏膜、咽喉黏膜充血、糜烂。组织学检查有非化脓性脑炎，可在神经细胞的胞浆内检出嗜酸性包涵体。

### （三）临床诊断要领

羊的狂犬病因临床症状不典型，不易诊断，主要依靠实验室检验才能作出确诊。应注意与日本乙型脑炎、伪狂犬病等类似症的区别。

### （四）病料的送检

将患病动物或可疑感染动物扑杀，采取大脑海马角、小脑以及唾液腺等组织制作触片或病理切片，送有关实验室进行病原形态观察、病原分离、动物接种试验、血清学实验等，以便确诊。

## 二、有效防治措施

### （一）预防

（1）扑杀野犬、病犬及拒不免疫的犬类，加强犬类管理，养犬须登记注册，并进行免疫接种。

（2）加强口岸检疫，检出阳性动物就地扑杀销毁。进口犬类必须有狂犬病的免疫证书。

（3）疫区和受威胁区的羊只以及其他动物用狂犬病弱毒疫苗进行免疫接种。

### （二）治疗

目前尚无对狂犬病病毒有效的药物，治疗主要是对外伤进行的。当人和家畜被患有狂犬病的动物或可疑动物咬伤时，迅速用清水或肥皂水冲洗伤口，再用0.1%升汞溶液、碘酊、酒精溶液等消毒防腐处理，并用狂犬病疫苗进行紧急免疫接种。有条件时可用狂犬病免疫血清进行预防注射。

# 第十九节　羊衣原体病

羊衣原体病是由鹦鹉热衣原体引起的绵羊、山羊的一种传染病。临床上以发热、流产、死产和产出弱羔为特征。在疾病流行期，也见部分羊表现多发性关节炎、结膜炎等疾患。本病呈世界分布，我国也有发生。

## 一、诊断技术

### （一）掌握流行病学特点

许多野生动物和禽类是本菌的自然贮藏宿主。患病动物和带菌动物为主要传染源，可通过粪便、尿液、乳汁、泪液、鼻分泌物以及流产的胎儿、胎衣、羊水等排出病原体，污染水源、饲料及环境。本病主要经呼吸道、消化道及损伤的皮肤、黏膜感染；也可通过交配或用患病公畜的精液人工授精发生感染，子宫内感染也有可能；蜱、螨等吸血昆虫叮咬也可能传播本病。羊衣原体性流产多呈地方性流行。密集饲养、营养缺乏、长途运输或迁徙、寄生虫侵袭等应激因素可促进本病的发生、流行。

### （二）辨明主要症状

羊的潜伏期为50~90天。临床症状表现为流产、死产或产弱羔。流产发生于怀孕的最后1个月。羊群第1次暴发本病时，流产率可达20%~30%，以后则每年5%左右。流产过的母羊以后不再流产。

羊衣原体病的潜伏期一般为 2~3 个月。病羊最突出的症状是流产、死产或娩出生命力不强的弱羔羊。通常是在产前一个月左右流产。首次流产在整个羊群中比率较高，占 20%~30%；以后每年约有 5%的母羊流产，疾病从此绵延不绝，但流产过的母羊以后不再流产。母羊流产后胎衣常常难以排出，并且不断流出炎性坏死物，且易伴有其他细菌性继发感染而发生子宫内膜炎。此时临床上可见发热，精神委顿与食欲减退等症状。流产出来的多为死胎。羔羊感染衣原体可出现关节炎，病初体温上升至 41~42℃，食欲丧失，离群。肌肉僵硬，并有疼痛感，一肢甚至四肢跛行，肢关节摸之疼痛。随着病情的发展，跛行加重，羔羊弓背而立，有的羔羊长期侧卧。发病率一般达 30%，甚至可达 80%以上。如隔离和饲养条件较好，病死率低。病程 2~4 周。眼结膜炎主要发生于绵羊，尤其是肥育羔和哺乳羔。病羊的单眼或双眼均可罹患。眼结膜充血、水肿，大量流泪，病发的第 2、第 3 天，角膜发生不同程度的混浊，角膜翳、糜烂、溃疡和穿孔。混浊和血管形成最先开始于角膜上缘，其后见于下缘，最后扩展至中心。经 2~4 天开始愈合。肥育场羔羊关节炎的发病率可达 90%，但不引起死亡。病程一般为 6~10 天，但伴发角膜溃疡者可长达数周。

病理剖检可见流产的胎膜周围有棕色液体，绒毛膜和子叶呈现坏死性变化，子叶呈黑红色、污灰色、土黄色，表面有多量坏死组织，绒毛膜有的地方水肿增厚，子宫黏膜有时充血、出血、水肿，流产胎儿水肿，皮肤、皮下组织、胸腺及淋巴结等处有点状出血，肝脏充血、肿胀，表面可能有针尖大小的灰白色病灶。有关节炎的病例可见关节肿大，腕、跗关节最显著，关节囊扩大，囊内有血性积液，呈混浊灰黄色，滑膜上见纤维素性渗出物覆盖，肝、脾可见肿大，淋巴结水肿。在本病流行的羊群中，可见公羊患有睾丸炎、附睾炎等疾病。部分病例可发生肺炎、肠炎等疾患。剖检肺炎病变的羊，可见肺有肝变病灶，对于细菌混合感染病例，可见化脓性肺炎和胸膜肺炎病变。

### （三）临床诊断要领

根据流行病学资料，流产、死胎等典型临床症状及实体剖检病变可作出初步诊断，确诊需依据实验室检验结果。应注意与布氏杆菌病、弯杆菌病、沙门氏菌病等类似症的鉴别。

（四）病料的送检

采集血液、脾脏、肺脏及气管分泌物、肠黏膜和内容物、流产胎儿及流产分泌物等病料，送有关实验室进行病原学检测、病原分离、动物接种试验和免疫学检验，以作出确诊。

## 二、有效防治措施

（一）预防

（1）加强饲养卫生管理，消除各种诱发因素，防止寄生虫侵袭，增强羊群体质。

（2）羊流产衣原体油佐剂卵黄灭活苗能预防羊衣原体性流产。在羊怀孕前或怀孕后 1 个月内皮下注射，每只 3 毫升，免疫期 1 年。

（3）发生本病时，流产母羊及其所产弱羔应及时隔离。流产胎盘、产出的死羔应予销毁。污染的羊舍、场地等环境用 2%氢氧化钠溶液、2%来苏儿溶液等进行彻底消毒。

（二）治疗

肌注青霉素，每次 80 万~160 万单位，1 日 2 次，连用 3 日；也可将四环素族抗生素混于饲料中喂给，连用 1~2 周；结膜炎患羊可用土霉素软膏点眼治疗。

# 第二十节　破伤风

羊的破伤风又名强直症，羊发病时由于毒素的作用，肌肉发生僵硬，出现身体躯干强直症状，因此得名。破伤风是由破伤风梭菌经伤口感染，引起的急性、中毒性传染病。临床主要表现为骨骼肌持续痉挛和对刺激反射兴奋性增高。

产生毒素而引起肌痉挛的一种特异性感染。

在缺氧环境下生长繁殖，产生破伤风毒素本病以牙关紧闭、阵发性痉挛、强直性痉挛的为临床特征，主要波及的肌群包括咬肌、背棘肌、腹肌、四肢肌等。

## 一、诊断技术

### （一）掌握流行病学特点

该病的病原破伤风梭菌在自然界中广泛存在。羊经创伤感染破伤风梭菌后，如果创内具备缺氧条件，病原体在创内生长繁殖产生毒素，侵袭神经系统中的运动神经元，主要波及的肌群包括咬肌、背棘肌、腹肌、四肢肌等。破伤风常由于外伤、阉割、断尾和分娩断脐带等消毒不严而感染。母羊多发生于产死胎和胎衣不下、难产助产中消毒不严格的情况下发生本病。在临诊上有不少病例往往找不出创伤，这种情况可能是因为在破伤风潜伏期中创伤已经愈合，也可能是经胃肠黏膜的损伤而感染。该病以散发形式出现。

### （二）辨明主要症状

潜伏期1~2周，最短的1天。成年羊病初症状不明显，只表现不能自主卧下或起立。到病的中、后期才出现特征性症状，表现为四肢逐渐强硬，高跷步态，开口困难到牙关紧闭，流涎，瞬膜外露，瘤胃臌胀，角弓反张，尾直等。病羊易惊，但奔跑中常摔倒，摔倒后四肢仍呈“木马样”开叉，急于爬起，但无法站立。体温一般正常，严重时体温升高，脉搏细而快，心脏跳动剧烈，常因急性胃肠炎而发生腹泻，死前可升高至42℃。本病无特征性有诊断价值的病理变化。

### （三）临床诊断要领

根据病羊的创伤史和特征性的临床症状不难作出诊断。

### （四）病料的送检

自创伤感染部位采取病料，送有关实验室进行细菌分离鉴定、动物接种试验等检验，以便作出确诊。

## 二、有效防治措施

### （一）预防

（1）加强饲养管理，防止发生外伤，发生外伤、阉割或处理羔羊脐带时，应立即用碘酒消毒。阉割羊或处理羔羊脐带时，也要严格消毒。在本病常发地区，进行手术前或发生创伤后注射抗生素预防本病的发生。

（2）羔羊的预防，则以母羊妊娠后期注射破伤风类毒素较为适宜。

### （二）治疗

（1）创伤处理：对感染创伤进行有效的防腐消毒处理，彻底排除脓汁、异物、坏死组织及痂皮等，并用消毒药物（3%过氧化氢、2%高锰酸钾或5%~10%碘酊）消毒创面，并结合青链霉素，在创伤周围注射，以清除破伤风毒素来源。

（2）对病羊加强护理，于黑暗圈舍静养，给予清水和易消化的柔软饲料，并根据病情进行输液补养。

（3）注射抗破伤风血清：早期应用抗破伤风血清（破伤风抗毒素），可一次用足量（20 万~80 万单位），也可将总用量分 2~3 次注射，皮下、肌内或静脉注射均可，破伤风血清在体内可保留 2 周。

（4）对症治疗：可肌内注射氯丙嗪缓解痉挛，每天早晚各 1 次；也可用水合氯醛与氯丙嗪交替使用。牙关紧闭的羊，可用 1%普鲁卡因注入咬肌，每天 1 次，直至开口。

# 第二十一节　羊李氏杆菌病

该病又称转圈病，是人、畜、禽共患的一种急性传染病。本病在绵羊和山羊均可发生，羔羊和孕羊的敏感性最高。在幼羊呈现败血症经过，较大的羊呈现脑膜炎或脑脊髓炎为特征。临床表现典型的转圈运动，孕羊发生流产。病原为单核细胞增多症李氏杆菌，革兰氏染色为阳性。该菌对热耐受力强，但一般消毒药物均可使之失去活力。

## 一、诊断技术

### （一）掌握流行病学特点

本病易感动物广泛，家畜中除感染羊外，也感染家兔、猪、牛、犬、猫等。家禽中有鸡、火鸡、鹅多见。啮齿动物如鼠，野兽和野禽也易感，同时也感染人，所以，本病为人畜共患病。绵羊较山羊容易发病。病羊和带菌动物是传染源。老鼠也可能是本病的疫源。病菌通过粪、尿、乳汁以及眼、鼻、生殖道分泌物排出体外，污染饲料和饮水，导致疾病传播。本病可通过与病羊直接接触、消化道、呼吸道及损伤的皮肤而感染。多为散发，主要发生于冬季或早春。冬季缺乏青饲料、青贮饲料发酵不全、气候突变、有内寄生虫病或沙门氏菌感染等，可成为本病发生的诱因。本病发病率低，但病死率很高。病健羊也可经呼吸道而感染。

### （二）辨明主要症状

病初体温升高到40~41.6℃，不久降至接近正常。病羊精神沉郁，采食减少或不食。病后的2~3天，多数病羊出现神经症状，目光呆滞，头低垂；眼流泪，结膜发炎，病羊眼球突出，目光呆滞，视力障碍或完全失明，同时颈部、后头部及咬肌发生痉挛，头颈偏向一侧，一侧或两侧耳下垂，不能随群活动。畜体战栗，耳、唇、下颌发生麻痹，大量流涎。有的意识障碍，无目的地乱窜乱撞，舌麻痹，采食、咀嚼、吞咽困难。鼻孔流出黏性分泌物。病羊在遇到障碍物时，常以头顶抵着不动，转圈倒地，后期则神志昏迷，颈项强直，角弓反张，四肢呈游泳状划动。一般经3~7天死亡，较大的羊病程可达1~3周。成年羊症状不明显。妊娠母羊常发生流产，羔羊常呈急性败血症死亡，病死率甚高。一般没有特殊的肉眼可见病变。有神经症状的病羊，脑及脑膜充血、水肿，脑脊液增多、稍浑浊。流产母羊都有胎盘炎，表现子叶水肿坏死。

### （三）临床诊断要领

根据流行病学、临床症状和病理变化，如以特殊的神经症状、妊畜流产、血液中单核细胞增多，可作出初步诊断，但要注意与羊的脑包虫病、羊鼻蝇蛆病、羊莫尼茨绦虫病、伪狂犬病、猪传染性脑脊髓炎等相区别，此外，还应与有流产症状的其他疾病相区别。

### （四）病料的送检

采集病羊的血液、肝、脾、肾、脑脊髓液、脑的病变组织等病料，送有关实验室进行病原的分离培养、动物接种试验和血清学诊断，以便确诊。

## 二、有效防治措施

### （一）预防

（1）平时注意清洁卫生和饲养管理，消灭啮齿动物。从外地引进的羊只，要调查其来源，引进后先隔离观察一周以上，确认无病后方可混群饲养，从而减少病原体的侵入。

（2）在羊舍内要消灭鼠类。夏秋季节注意消灭羊舍内蜱、蚤、蝇等昆虫，减少传播媒介。

（3）对受威胁的羊群，在饲料和饮水中加入土霉素，连用5~7天，可治疗性预防。

（4）发病地区应将病畜隔离治疗，病羊尸体要深埋，并用5%来苏儿对污染场地进行消毒

### （二）治疗

早期大剂量应用磺胺类药物，或与抗生素并用，有良好的治疗效果。用20%磺胺嘧啶钠5~10毫升，氨苄青霉素按每千克体重1万~1.5万单位，庆大霉素每千克体重1 000~1 500单位，均肌内注射，每日2次；病羊有神经症状时，可对症治疗，肌内注射盐酸氯丙嗪，按每千克体重用1~3毫克。

# 第二十二节 羊巴氏杆菌病

巴氏杆菌病是由多杀性巴氏杆菌所引起的，发生于各种家畜、家禽和野生动物的一类传染病的总称。急性病例以败血症和炎性出血过程为主要特征，慢性病例表现为纤维素性胸膜肺炎、皮下结缔组织、关节和各脏器的化脓性病变。本病分布广泛，世界各地均有发生。

## 一、诊断技术

### （一）掌握流行病学特点

各种年龄段的羊都有易感性，当羊饲养在不卫生的环境中，由于寒冷、闷热、气候剧变、潮湿、拥挤、圈舍通风不良、阴雨连绵、营养缺乏、饲料突变、过度疲劳、长途运输、寄生虫病等诱因，而使其抵抗力降低时，病菌即可乘机侵入体内。病原存在于病畜全身各种组织、体液、分泌物及排泄物中，在少数慢性病例仅存在于肺脏的小病灶中。健康羊的呼吸道也可能带菌。病畜由排泄物、分泌物排出有毒力的病菌，污染饲料、饮水、用具，或经消化道，或通过飞沫经呼吸道而传染，或通过吸血昆虫叮咬，或经皮肤、黏膜的创伤，传染给健康家畜而发生感染。本病的发生一般无明显的季节性，一般为散发性，有时也可能呈流行性。

### （二）辨明主要症状

本病多发于幼龄绵羊和羔羊，而山羊不易感染。潜伏期不够清楚，可能是很短促。病程可分为最急性、急性和慢性 3 种。最急性者，多见于哺乳羔羊。羔羊往往突然发病，停止采食，不停寒战，卧地不起，可视膜发绀，颈部、耳根、腹部等处的皮肤形成紫色斑。当呼吸非常困难时，往往伸颈呈犬坐式呼吸，偶尔还会发出喘鸣音。病羊基本无法治愈，可于数分钟至数小时内死亡。

急性者，精神沉郁，食欲废绝，体温升高至 41～42℃。呼吸急促、咳嗽、往往呈犬坐姿势、鼻孔常有出血，有时血液混杂于黏性分泌物中。眼结膜潮红，有黏性分泌物。初期便秘，后期腹泻，有时粪便全部变为血水。颈部、胸下部发生水肿。皮肤上出现小出血点或者红斑，可视膜发绀，心跳加速，体质消瘦，只能够卧地不起，病羊常在严重腹泻后虚脱而死，病期2~5日。

慢性者，病程可达3周，大部分是由急性型转变而来。病羊消瘦、不思饮食。流脓性鼻液、咳嗽、呼吸困难。有时颈部和胸下部发生水肿。有角膜炎。病羊腹泻，粪便恶臭，体质渐进性消瘦，无力走动。部分病羊会引起痂样湿疹，关节发生肿胀，出现跛行。如果及时采取有效的治疗措施能够康复，否则也会导致其死亡。临死前极度衰弱，四肢厥冷。

该病期较长者尸体消瘦，皮下胶样浸润，常见纤维素性胸膜肺炎，肝有坏死灶。剖检一般可见在皮下有液体浸润和小点状出血，胸腔内有黄色渗出物，肺瘀血，小点状出血和肝变，偶见有黄豆至胡桃大的化脓灶，胃肠道出血性炎症，其他脏器呈水肿和瘀血，间有小点状出血，但脾脏不肿大。在最急性病例无特征病变，全身淋巴结肿胀，浆膜、黏膜有出血点。急性剖检可见，颈、胸部皮下胶样水肿和出血，全身淋巴结（尤其咽喉、肺和肠系膜淋巴结）水肿、出血。上呼吸道黏膜充血、出血，其中有淡红色泡沫状液体。肺明显瘀血、水肿、出血，也可见直径0.2毫米至1厘米的多发性暗红色病灶，外观似小梗死，其中心可呈灰白、灰黄色。肝也常散在类似的灰黄色病灶，有些周围尚有红晕。皱胃和盲肠黏膜水肿、出血和溃疡。慢性病变主要位于胸腔，呈纤维素性肺炎变化，常有胸膜炎和心包炎。肺炎区主要发生于一侧或两侧尖叶、心叶和膈叶前缘，也有主要发生在膈叶的。炎区大小不一，色灰红或灰白，其中散布一些边缘不整齐的坏死灶或坏死化脓灶。

### （三）临床诊断要领

根据流行病学材料、临诊症状和剖检变化，结合对病畜的治疗效果，可对本病作出初步诊断，确诊有赖于细菌学检查。

### （四）病料的送检

败血症病例可从心、肝、脾或体腔渗出物等，其他病型主要从病变部位、渗出物、脓汁等取材，送有关实验室进行病原微生物的分离鉴定和动物接种试验，以便作出确诊。

## 二、有效防治措施

### （一）预防

（1）平时应注意饲养管理，避免羊受寒。

（2）适时免疫预防。根据当地该病的流行特点，整个羊群可在每年春季和秋季分别进行 1 次免疫接种，通常选择使用羊巴氏杆菌疫苗。

（3）发生该病后，对病死羊消毒、深埋并做无害化处理。将畜舍用 5%漂白粉或 10%石灰乳彻底消毒，同时加强舍内通风换气，修筑火墙增加舍温。

（4）必要时用高免血清或菌苗作紧急免疫接种，有一定疗效。

### （二）治疗

发现病羊和可疑病羊应立即进行隔离治疗。庆大霉素、四环素以及磺胺类药物都有良好的治疗效果。庆大霉素按每千克体重 1 000~1 500单位；20%磺胺嘧啶钠 5~10 毫升，均肌内注射，每日 2 次，直到体温下降、食欲恢复为止。

# 第二十三节　羔羊大肠杆菌病

羔羊大肠杆菌病，俗称羔羊白痢，是由不同血清型的大肠杆菌引起的疾病，死亡率很高。主要是通过消化道感染。在羔羊接触病羊、不卫生的环境、吸吮母羊不干净的乳头时，均可感染。少部分通过子宫内感染或经脐带和损伤的皮肤感染。

## 一、诊断技术

### （一）掌握流行病学特点

多发生于出生数日至6周龄的羔羊，有些地方3~8月龄的羊也有发生，呈地方性流行，也有散发的。该病的发生与羔羊先天性发育不良、气候不良、营养不足、场地潮湿污秽等有关，放牧季节很少发生，冬春舍饲期间常发，经消化道感染。

### （二）辨明主要症状

本病潜伏期1~2天，分为败血型和下痢型两种。

1. 败血型

多发于2~6周龄的羔羊，发病急，死亡率高。病羊体温41~42℃，精神沉郁，迅速虚脱，眼结膜潮红，呼吸浅表，脉搏细弱，表现神经症状，头弯向一侧，四肢僵硬，运步失调，视力障碍。有轻微的腹泻或不腹泻，有的带有神经症状，运步失调，磨牙，视力障碍，也有的病例出现关节炎；严重者卧地，体躯发软，昏迷。继发肺炎后呼吸困难。若出现肠毒血症，病程短的症状不明显，患病羊多在2~6小时内突然死亡。病程长的表现为典型的中毒性神经症状，先兴奋后精神萎靡，最后昏迷死亡。体温变化不大，呼吸加快，脉搏增加，一般不表现腹泻症状。

2. 下痢型

多发于2~8日龄的新生羔。病初体温略高，出现腹泻后体温下降，粪便呈半液体状，呈黄色或灰黄色，带气泡，有时混有血液，羔羊表现腹痛，虚弱，拱背、咩叫、努责，严重脱水，虚弱卧地，不能起立；后期病羔极度消瘦、衰竭，如不及时治疗，可于24~36小时死亡，死亡率15%~17%。

剖检尸体消瘦，后肢及肛门周围粘满粪便。消化道炎症显著，第一和第二胃黏膜脱落，第四胃、十二指肠及小肠中段发生严重的充血及出血，但也有极少数病例肠道不发生炎症。皱胃空虚或存有凝结乳块，内容物酸臭。败血型者胸腔、腹腔、心包腔积液，或有纤维蛋白性渗出液；血液常呈红紫色，心内膜下常有出血现象。关节肿大，内含纤维素性脓性渗出液。胸纵膈淋巴结严重充血及出血，肠系膜淋巴结有少数显著充血，小肠淋巴滤泡有明显充血。肺有显著充血、出血及水肿，支气管充满气泡，黏膜明显充血。肝充血，肿胀明显，质脆，呈紫色。下痢型者严重脱水，皱胃、小肠和大肠内容物呈黄灰色，半液状，黏膜充血，肠系膜淋巴结肿胀。

（三）临床诊断要领

根据流行病学、症状和剖检病理变化检查结果等作出初步诊断；要作出确诊还需依靠实验室检验结果。要注意与B型产气荚膜梭菌引起的初生羔下痢的鉴别。

（四）病料的送检

采取血液、内脏组织或肠内容物等病料，送有关实验室进行病原学鉴定，以作出确诊。

## 二、有效防治措施

（一）预防

（1）预防主要应对母羊加强饲养管理，做好母羊的抓膘、保膘工作，保证新产羔羊健壮、抗病力强。同时应注意羔羊的保暖。对羔羊哺乳做到定时、定量、定温，注意奶具的清洁卫生。

（2）改善羊场的卫生状况，保持圈舍干燥、通风、阳光充足，消灭蝇虫。对污染的环境、用具要用3%~5%来苏儿消毒。

（3）在发病地区，除消毒隔离等措施外还要注射菌苗。

（二）治疗

（1）患病羊可用土霉素进行治疗，每日20~50毫克/千克体重，分2~3次口服，或每日10~20毫克/千克体重，分2次肌内注射。

（2）用磺胺甲基嘧啶，将药片压成粉状加入奶中，使羔羊自己喝下。首次1.0克，以后每隔4~6小时服0.5克。或磺胺嘧啶钠5~10毫升，肌内注射，每日2次。

(3) 补液可用5%的葡萄糖盐水每日20~100毫升静脉注射，也可用口服盐液每只羔羊每次补充80~150毫升，用橡皮导管送入胃中。

(4) 如病情好转时可用微生物制剂，如促菌生、调痢生、乳康生等，加速胃肠功能的恢复，但不能与抗生素同用。

## 第二十四节　羊沙门氏菌病

羊的沙门氏菌病又名副伤寒，主要是由羊流产沙门氏菌、鼠沙门氏菌和都柏林沙门氏菌引起的疾病。其中羊流产沙门氏菌属于宿主适应血清型细菌，羊是这种细菌固定适应的宿主；而鼠沙门氏菌和都柏林沙门氏菌是属于非宿主适应血清型细菌，除羊以外，还可感染其他多种动物。沙门氏菌主要引发绵羊流产和羔羊副伤寒两种病，以发病孕羊流产、羔羊败血病和肠炎为特征。

### 一、诊断技术

#### (一) 掌握流行病学特点

沙门氏菌病可发生于不同年龄的羊，无季节性，传染以消化道为主，交配和其他途径也能感染；各种不良因素均可促进该病的发生。病羊和带菌者是本病的主要传染源。它们可由粪便、尿、乳汁以及流产的胎儿、胎衣和羊水排出病菌，污染水源和饲料等，经消化道感染健羊。病羊与健康羊交配或用病公羊的精液人工授精可发生感染。此外，子宫内感染也有可能。

#### (二) 辨明主要症状

主要由鼠伤寒沙门氏菌、羊流产沙门氏菌、都柏林沙门氏菌引起。本病据临床诊断表现可分为下痢型和流产型。

1. 羔羊副伤寒（下痢型）

多见于15~30日龄的羔羊，体温升高达40~41℃，食欲减退，腹泻，排黏性带血稀粪，有恶臭；精神委顿，虚弱，低头，拱背，继而倒地，经1~5天死亡。慢性的常常污染后躯，并伴有腹痛尖叫、抽搐、痉挛；有的突然瘫痪或卧地不起，甚至突然死亡。腹泻严重的常常虚脱衰竭死亡，耐过的也很难恢复，往往发育迟缓，形成僵羊。羔羊副伤寒发病率约30%，病死率约25%。剖检变化主要表现为下痢型病羔尸体消瘦，真胃和肠道空虚，肠道内容物稀薄如水，肠黏膜上有黏液，并含有小的血块，肠道和胆囊黏膜水肿，肠系膜淋巴结水肿，脾脏充血，肾脏皮质部与心外膜有出血点。

2. 流产型

流产多见于妊娠的最后两个月，病羊体温升至40~41℃，厌食，精神抑郁，部分羊有腹泻症状。流产前后几天阴道有分泌物流出，羊产下的活羔，表现衰弱，委顿，卧地，并可有腹泻，不吮乳，往往于1~7天死亡。病母羊也可在流产后或无流产的情况下死亡。流产率和病死率达60%，其他羔羊病死率10%，流产母羊5%~7%死亡。羊群暴发1次，一般持续10~15天。剖检母羊主要表现子宫炎和胎衣滞留，并伴有胃肠炎等变化。流产、死亡的胎儿或生后1内死亡的羔羊，呈败血病变化，组织水肿、充血，肝脾肿胀，有灰色病灶，胎盘水肿、出血。

### （三）临床诊断要领

根据流行病学、临诊症状和病理变化，只能作出初步诊断，确诊需依靠实验室诊断结果。

### （四）病料的送检

采取下痢死亡羊的肠系膜淋巴结、脾、心血、粪便或发病母羊的粪便、阴道分泌物、血液及胎儿组织等病料，送有关实验室进行细菌的分离与鉴定，以便作出确诊。

## 二、有效防治措施

### （一）预防

预防的主要措施是加强饲养管理，主要包括：及时接种疫苗预防，平时应加强饲养管理，消除发病诱因，保持饲料和饮水的清洁、卫生。若发现有发病的羊只应立即隔离，地面可铺撒石灰，并用2%~4%火碱对地面、墙面喷雾彻底消毒。

（二）治疗

（1）对该病有治疗作用的药物很多，但必须配合护理及对症治疗。

（2）种羊可用大肠杆菌、巴氏杆菌、沙门氏菌三价抗血清5毫升，1次皮下注射。

## 第二十五节　山羊传染性胸膜肺炎

山羊传染性胸膜肺炎，俗称烂肺病，是由山羊丝状支原体引起的山羊特有的传染病，以高热、咳嗽、肺和胸膜发生浆液性和纤维素性炎症为特征，多呈急性经过，死亡率较高。本病只传染山羊，多发生于冬、春二季，流行迅速。

### 一、诊断技术

（一）掌握流行病学特点

自然条件下，只限于山羊发病，以3岁以下者最易感。病羊是主要的传染源，耐过羊在相当时期内向外排病原。该病常呈地方性流行，接触传染性很强，主要通过空气、飞沫经呼吸道传染。阴雨连绵、寒冷潮湿、营养不良、羊群密集、拥挤等因素，有利于空气-飞沫传染的发生；多发生在山区和草原，尤其冬季和早春枯草季节，羊只营养缺乏，容易受寒感冒，机体抵抗力降低，较易发病，发病后病死率也较高；呈地方流行；冬季流行期平均为15天，夏季可维持2个月以上。

（二）辨明主要症状

病初体温升高可达41~42℃，精神沉郁，食欲减退，随即咳嗽、呼吸急促而有痛苦的鸣叫、流浆性鼻液，4~5天后咳嗽加重，干而痛苦，浆性鼻液变为黏脓性，黏附于鼻孔、上唇，呈铁锈色。多在一侧出现胸膜肺炎变化，叩诊有实音区，听诊呈支气管呼吸音及摩擦音，触压胸壁表现敏感疼痛。呼吸困难，高热稽留，腰背拱起呈痛苦状。有时病羊卧地不起，四肢直伸，呼吸极度困难，每次呼吸则全身颤动，黏膜高度充血，发绀；目光呆滞，呻吟哀鸣，不久窒息而亡。孕羊流产，肚胀腹泻，甚至口腔溃烂，唇部、乳房皮肤发疹，眼睑肿胀，濒死前体温降至常温以下。最急性发作病程一般不超过4~5天，有的仅12~24小时。4~5天后，咳嗽变干而痛苦，高热稽留不退，痛苦呻吟，眼睑肿胀，流泪，眼有黏液-脓性分泌物。有的发生臌胀和腹泻，甚至口腔中发生溃疡，唇、乳房等部皮肤发疹，孕羊可70%~80%发生流产。病期7~15天，病羊若不死亡则可转变为慢性，间有咳嗽和腹泻，鼻涕时有时无，身体衰弱。

病变多局限于胸部，胸腔有淡黄色积液，损害多为一侧性肺炎，间或两侧肺炎。肺实质肝变，切面呈大理石样变；肺小叶间质变宽，界限明显。化脓菌继发感染时，可见化脓性肺炎。血管内常有血栓形成。胸膜变厚而粗糙，与肋膜、心包膜发生粘连。支气管淋巴结和纵膈淋巴结肿大，切面多汁，有出血点。心包积液，心肌松弛、变软。肝、脾肿大，胆囊肿胀，胆囊积有大量胆汁。肾脏肿大，被膜下可见有小点出血。病程久者，肺肝变区机化，形成包囊。

### （三）临床诊断要领

本病仅山羊发病，当羊群出现体温升高、咳嗽、流黏脓性或铁锈色鼻液的病羊，陆续死亡，剖检主要呈现胸膜肺炎病变，并常为一侧性的，其他脏器无特殊病变，即可作出初步诊断。确诊需送检样品，进行试验室诊断。应注意与羊巴氏杆菌病的鉴别。

### （四）病料的送检

采集病羊的肺组织、胸腔渗出液等病料，送有关实验室进行病原的分离鉴定及动物接种试验，以便作出确诊。

## 二、有效防治措施

### （一）预防

（1）加强饲养管理，增强羊的体质。

（2）本病的预防应坚持自繁自养，不从疫区引进羊；对从外地新引进的羊严格隔离，检疫无病后方可入群。

（3）疫区内羊分群隔离，对假定健康羊，用山羊传染性胸膜肺炎氢氧化铝苗接种，半岁以下羊皮下或肌内注射3毫升，半岁以上羊注射5毫升。

（4）发现病羊和可疑羊应立即隔离治疗。对病菌污染的环境、用具等应进行消毒处理或无害化处理。及时更换垫料，改善羊舍通风条件。

（5）在疫区可使用新近研制成功的羊肺炎支原体灭活苗进行免疫接种。

### （二）治疗

患病羊只选用新胂凡纳明（九一四），5月龄以下羊0.1~0.15克，5月龄以上羊0.2~0.25克，溶于生理盐水静脉注射；必要时间隔4~9日再注射1次。也可用土霉素按每日每千克体重服20~50毫克，分2~3次服完。

# 第二章

# 羊的主要寄生虫病

## 第一节　片形吸虫病

片形吸虫病又称肝蛭病，是由肝片吸虫和大片吸虫寄生于羊的肝脏胆管中所引起的一种寄生虫病，主要表现为慢性或急性肝炎和胆管炎，同时伴发全身性中毒现象和营养性障碍，危害相当严重，特别对绵羊，可引起大批死亡。

### 一、诊断技术

#### （一）了解病原特征

病原为肝片吸虫或大片吸虫。肝片吸虫成虫背腹扁平，外观呈树叶状，活时为棕红色，固定后变为灰白色。虫体长21~41毫米，宽9~14毫米；大片吸虫与肝片吸虫在形态上很相似，成虫外观呈长叶状，体长25~75毫米，宽5~12毫米，体长与宽之比为5∶1。自胆管中取出的鲜活虫体为棕红色，呈“木耳状”。

#### （二）熟悉生活史

片形吸虫的发育需要一淡水螺（如椎实螺）作为它的中间宿主。成虫寄生于动物肝脏胆管内，产出虫卵随胆汁进入肠腔，随粪便排出体外。在外界适宜温度下孵出毛蚴（25℃，10~15天），毛蚴在水中游动，遇到适宜宿主螺并侵入螺，毛蚴在螺体内经无性发育为胞蚴、雷蚴和尾蚴几个发育阶段（35~38 天）；尾蚴从螺体内逸出后，2 小时内在水草上形成囊蚴。动物食入草上的囊蚴就被感染。童虫在小肠逸出，穿过肠壁，经过腹腔，或经血液循环，或经胆管进入肝脏，在胆管内发育为成虫。从囊蚴发育到成虫经 3~4 个月，成虫寿命 3~5 年。

### （三）掌握流行病学特点

片形吸虫系世界性分布，是我国分布最广泛、危害最严重的寄生虫之一。遍及全国 31 个省、区、市，但多呈地方性流行，多发生在低洼和沼泽地带放牧的羊群。每年的春季、夏末、秋初发病，尤其是在多雨温暖的季节，片形吸虫病的感染相当普遍。片形吸虫的宿主范围较广，主要寄生于黄牛、牦牛、水牛、绵羊、山羊、鹿、骆驼等反刍动物肝脏胆管内，猪、马、兔、人以及一些野生动物也可以感染寄生。

### （四）辨明主要症状

病羊的临床表现因感染强度（一般有 50 条虫体寄生时便会出现明显症状）和羊的抵抗力、年龄、饲养条件不同而各异，但幼畜即使轻度感染也能表现症状。根据病期一般可分为急性型和慢性型两种类型。

急性期（童虫移行期）：在短期内吞食大量（ 2 000个以上）囊蚴后 2~6 周时发病，多见于夏末、秋季和初冬。病势猛、使患畜突然倒毙。病初表现体温升高，精神沉郁、食欲大减或废绝、衰弱易疲劳、离群落后、迅速发生贫血，叩诊肝区半浊音界限扩大、压痛明显、贫血、可视黏膜苍白，偶尔有腹泻，严重者于数日内死亡。

慢性期（成虫胆管寄生期）：吞食中等量（200~500 个）囊蚴后 4~5 个月时发病，多见于冬末初春季节，此类型较多见。病羊主要表现消瘦、贫血、黏膜苍白、食欲不振、异嗜，被毛粗乱无光泽，眼睑、颌下、胸前及腹下出现水肿，便秘与下痢交替发生。孕羊可能产生非常弱的羔羊，流产甚至产生死胎。如不采取医疗措施，可能卧地不起，最后因恶病质而死亡。

### （五）详细进行剖检

急性死亡的可见到急性肝炎和贫血现象，包括肠壁和肝组织的严重损伤、出血、肝肿大。慢性的可见增生性肝炎、慢性胆管炎和贫血现象，肝脏肿大，胆管如绳索一样增粗，常凸出于肝脏表面，胆管内可见虫体。

### （六）临床诊断要领

根据临床症状、流行病学资料、粪便检查和死后剖检等进行综合判定。粪便检查之间少数虫卵而无症状出现，只能视为“带虫现象”。急性病例时在粪便中找不到虫卵，此时可用免疫学诊断方法进行诊断。死后剖检，急性病例可在腹腔和肝实质中发现童虫及幼小虫体；慢性病则可在胆管内检出虫体。若剖检时发现虫体即可确诊。

### （七）病料的送检

采集病羊的粪便、胆汁和解剖时自胆管中发现的虫体，送有关实验室进行病原形态学鉴定，以便确诊。

## 二、有效防治措施

### （一）预防

为了消灭肝片吸虫病，必须贯彻“预防为主”的方针，要动员广大饲养员和放牧人员，采取下列综合性措施。

(1) 预防性定期驱虫：驱虫时间和次数可根据流行区的具体情况而定。北方一般每年春秋两次进行驱虫，南方一般每年可进行 3 次驱虫。驱虫后的羊粪应用堆积发酵法杀死病原。

(2) 采取措施消灭中间宿主（椎实螺）：兴修水利，改造低洼地，大量养殖水禽，用以消灭螺类；也可采用化学灭螺法。如施用 1∶50 000的硫酸铜，2.5 毫克/升的血防 67 及 20%的氯水均可达到灭螺效果。

(3) 加强饲养卫生管理：选择在高燥处放牧；动物的饮水最好

用自来水、井水或流动的河水，并保持水源清洁，以防感染；不要在低洼、潮湿、多囊蚴的地方放牧；有条件的地方应实行划地轮牧。

### （二）治疗

（1）三氯苯唑（肝蛭净）：以6~12毫克/千克体重经口投服，对片形吸虫的成虫和童虫均有高效驱杀作用。

（2）硝碘酚腈：以30毫克/千克体重经口投服或以同等剂量皮下注射，对片形吸虫的成虫和童虫均有99%左右的驱杀效果。

（3）丙硫苯咪唑：以5~7毫克/千克体重经口投服，对片形吸虫有较高的驱杀作用。

（4）五氯柳胺：10毫克/千克体重经口投服。

## 第二节　羊的日本血吸虫病

羊的日本血吸虫病是由分体科分体属的日本分体吸虫寄生于羊的门静脉、肠系膜静脉和盆腔静脉系统的一种寄生虫病，是一种危害严重的人兽共患寄生虫病。本病流行于日本、菲律宾以及我国南方的13个省、区、市。该病在我国分布广泛，几乎波及江南产粮区的大部分土地。血吸虫病是我国五大寄生虫病之一。

### 一、诊断技术

#### （一）了解病原特征

日本分体吸虫的成虫呈细长线状。雄虫乳白色，体长12~20毫米，宽0.50~0.55毫米；雌虫呈暗褐色，体长20~25毫米，宽0.1~0.3毫米。

#### （二）熟悉生活史

日本血吸虫的中间宿主为钉螺。成虫寄生于门静脉、肠系膜静脉小血管内，产出的虫卵一部分顺血液到达肝脏，一部分逆血流到肠壁。虫卵在肠壁和肝脏停留时卵内形成毛蚴。毛蚴分泌毒素，溶解肠壁，虫卵落入肠腔，随粪便排到外界。但肝脏内虫卵一般都不能排出而停留在肝脏，形成虫卵结节。虫卵到外界后很快孵出毛蚴，遇上钉螺即钻入其内，经两代胞蚴形成尾蚴，以后尾蚴逸出螺体，游于水中，经皮肤或口腔黏膜感染终末宿主。童虫随血液循环移行到肝门脉系统寄生下来，逐渐发育为成虫。毛蚴发育至尾蚴在7月只需44天；从尾蚴到成虫需30~40天。成虫寿命在动物体内为3~4年，在人体内可活20年以上。流行因素包括传染源（牛等动物）、钉螺（中间宿主）、尾蚴与人和动物的接触机会。人的易感性很强；动物中耕牛的血吸虫病最为重要，黄牛易感性高于水牛，牦牛因其地缘关系，未见日本血吸虫感染。

### （三）掌握流行病学特点

本病流行于我国的119个县、市、区，羊群在有钉螺水域中活动时容易受到感染，有钉螺水域不仅仅指江、河、湖滩，而且包括山溪、沟渠和稻田等地方，羊在感染血吸虫6周后就可以在粪便中查到虫卵。

### （四）辨明主要症状

虫体大量感染时，可表现腹泻和下痢，粪中带有黏液和血液，体温升高，贫血，黏膜苍白，逐渐消瘦，生长障碍，病羊不孕或流产。

### （五）详细进行剖检

肠系膜、大网膜甚至胃肠壁浆膜层出现明显的胶样浸润，肠黏膜有出血点、坏死灶及溃疡等，肠系膜淋巴结及脾脏变性，坏死。肠系膜静脉内有成虫寄生。肝脏初期肿大，后萎缩、硬化，在肝脏和肠道可发现数量不等的灰白色虫卵结节，心、肾、脾、胃有时也可发现虫卵结节。

### （六）临床诊断要领

根据流行病学特点、病史、临床症状及病理剖检结果可作出初步诊断。但确诊和查出轻度感染的动物要靠病原学检查（需在粪便中查到虫卵或用毛蚴孵化法查到毛蚴）和血清学方法。

### （七）样品的送检

采集病羊的粪便送有关实验室进行病原学检查，以便确诊。查病原常用虫卵毛蚴孵化法。血清学诊断方法有环卵沉淀试验、间接血凝试验等，其检出率均在95%以上，假阳性率在5%以下。

## 二、有效防治措施

### （一）预防

（1）消灭传染源：治疗病畜，加强粪便管理，避免新鲜粪便污染水源。如建造无害化粪池；或粪尿混合加盖贮存，使尿素分解为氨，可以杀死虫卵。粪便中加生石灰或碳酸氢铵也可杀死虫卵。

（2）消灭中间宿主钉螺：灭螺应根据钉螺生态特点和地理条件，因地制宜，采取改变钉镙滋生环境，结合物理和化学药物进行灭螺。物理灭螺方法有铲草、火烧、土埋等。化学灭螺药物有氯硝柳胺、五氯酚钠、烟酰苯胺等。

（3）个体防护：防止家畜感染，关键是避免家畜接触尾蚴。尽量避免与疫水接触，凡疫区的羊均应实行安全放牧，建立安全放牧区，特别注意在流行季节防止家畜涉水，避免感染尾蚴。

（4）积极治疗病畜和病人，要人、畜同步防治。

### （二）治疗

（1）吡喹酮：以20毫克/千克体重一次口服。目前吡喹酮为治疗血吸虫病的首选药物，具有理想疗效。

（2）硝硫氰胺（7505）：60毫克/千克，一次口服。

（3）血防846（六氯对二甲苯）：有片剂和针剂。口服量90毫克/千克，每天1次，连服10天。注射剂量40毫克/千克，每天1次，连用5天。

# 第三节　羊绦虫病

羊绦虫病是由莫尼茨绦虫、曲子宫绦虫、无卵黄腺绦虫寄生在羊的小肠内而引起的寄生虫病。该病是羊最主要的寄生蠕虫病之一，分布非常广泛，对羔羊的危害非常严重，可以造成大批死亡。这 3 种绦虫既可单独感染，也可混合感染。

## 一、诊断技术

### （一）了解病原特征

常见的莫尼茨绦虫有贝氏莫尼茨绦虫和扩展莫尼茨绦虫两种，二者外观难以区分，虫体呈乳白色带状，由头节、颈节和链节组成，全长可达 6 米，最宽处 16~26 毫米；曲子宫绦虫虫体可长达 2 米，宽约 12 毫米；无卵黄腺绦虫是反刍动物绦虫中最小的一类，虫体长 2~3 米，宽仅有 3 毫米左右，节片短，眼观分节不明显。

### （二）熟悉生活史

莫尼茨绦虫的中间宿主为地螨类。终末宿主将虫卵和孕节随粪便排出体外，虫卵被中间宿主吞食后，六钩蚴穿过消化道壁，进入体腔，发育成具有感染性的似囊尾蚴。动物吃草时吞食了含似囊尾蚴的地螨而被感染。扩展莫尼茨绦虫在羔羊体内经 37~40 天发育为成虫。贝氏莫尼茨绦虫在绵羊体内经 42~49 天，在犊牛体内经 47~50 天变为成虫。绦虫在动物体内的寿命为 2~6 个月，以后自动排出体外。

曲子宫绦虫的生活史不完全清楚，有人认为中间宿主为地螨，还有人实验感染啮虫类（Psocids）成功，但感染绵羊未获成功。动物具有年龄免疫性，4~5 个月前的羔羊不感染曲子宫绦虫，故多见于 6~8 个月以上及成年绵羊。当年生的犊牛也很少感染，见于老龄动物。秋季曲子宫绦虫与贝氏莫尼茨绦虫常混合感染，发病多见于秋季到冬季。一般情况下，不出现临床症状，严重感染时可出现腹泻、贫血和体重减轻等症状。粪检时可在粪便中检获到副子宫器，内含 5~

15个虫卵。

无卵黄腺绦虫生活史尚不完全清楚，现已确认弹尾目的昆虫为其中间宿主。它吞食虫卵后，经20天可在其体内形成似囊尾蚴。绵羊在吃草时食入含似囊尾蚴的小昆虫而受感染。在羊体内经1~5个月的发育变为成虫。

### （三）掌握流行病学特点

本病感染季节与中间宿主（如地螨等）的活动季节有密切关系，当羊吞食了含有似囊尾蚴的地螨后，即可感染本病；地螨多在温暖和多雨季节活动，所以羊绦虫病在夏秋两季发病较多。另外，该病多发生于3~6月龄的羔羊，成年羊极少发病。

### （四）辨明主要症状

本病感染轻微时，一般无明显症状或偶有消化不良的表现；严重感染时，特别是羊伴有继发病时，有明显的临床症状。一般表现为消化紊乱、消瘦、体弱贫血、水肿、发育不良、掉毛、腹胀、下痢等；后期病羊衰弱，有的表现为肠阻塞而死，有的表现不安、痉挛等神经症状；在病的末期，病羊卧地不起，头向后仰，口吐白沫，反应迟钝，导致死亡。

### （五）详细进行剖检

剖检可见尸体消瘦、黏膜苍白、贫血、肌肉色淡。胸腹腔渗出液增多。肠有时发生阻塞或扭转。肠系膜淋巴结、肠黏膜、脾增生。肠黏膜受损出血，有时大脑出血、浸润，在小肠内可发现绦虫。

### （六）临床诊断要领

根据流行病学特点及明显临床症状，结合病羊的粪便中常伴有绦虫孕节排出，易于诊断。若怀疑羔羊患本病而未查到孕节（绦虫未成熟时无孕节排出），可采用诊断性驱虫或剖检病羊的方法。患羊粪球表面有黄白色孕节片，形似煮熟米粒，将孕节作涂片检查时，可见大量白色、特征性的虫卵。用饱和盐水浮集法检查粪便时可发现虫卵。

### （七）病料的送检

收集病羊的粪便或解剖采集肠道内的虫体送有关实验室进行病原学检查，可确定感染寄生虫的种类。

## 二、有效防治措施

### （一）预防

（1）在虫体成熟之前，定期进行驱虫。鉴于幼畜在早春放牧一开始即遭感染，所以应在放牧后4~5周时进行“成虫期前驱虫”，第一次驱虫后2~3周，最好进行第二次驱虫。驱虫的对象是幼畜，但成年动物一般为带虫者，是重要传染源，因此对它们的驱虫不容忽视。例如可用丙硫咪唑按5~10毫克/千克口服给药。

（2）成年牛与犊牛分群饲养，到清洁牧地放牧犊牛。

（3）避免到潮湿和有大量地螨的地区放牧，也不要在雨后或有露水时放牧。

（4）注意牛舍卫生，对粪便和垫草要堆肥发酵，杀死粪内虫卵。

### （二）治疗

（1）丙硫咪唑：以10~20毫克/千克体重一次口服。

（2）吡喹酮：以10~15毫克/千克体重一次口服。

（3）甲苯咪唑：以20毫克/千克体重一次口服。

（4）氯硝柳胺：以75~80毫克/千克体重一次口服。

# 第四节　脑多头蚴病

羊的脑多头蚴病又称脑包虫病，是由多头带绦虫的中绦期——脑多头蚴，寄生于羊的脑或脊髓内而引起的一种危害性很大的寄生虫病。病原是多头绦虫的幼虫，叫多头蚴，又称脑共尾蚴或脑包虫。本病还发生于牛、骆驼、猪、马及其他野生反刍动物，极少见于人。

## 一、诊断技术

### （一）了解病原特征

多头蚴的外形是一个充满液体的囊泡，囊壁很薄，大小为豌豆至鸡蛋不等。大小取决于寄生的部位、发育的程度及动物种类。囊壁由两层膜组成，外膜为角质层，内膜为生发层，其上有许多原头蚴，直径为2~3毫米，数量有100~250。幼虫寄生于羊的脑、脊髓内。

多头绦虫主要寄生在犬、狼和狐等动物的小肠里。多头绦虫长40~100毫米，宽5毫米，虫体包含200个以上的节片。

### （二）熟悉生活史

成虫寄生于犬狼等终末宿主的小场内，脱落的孕节随终末宿主粪便排出体外，虫卵逸出污染草、饲料和饮水。易感动物（羊、牛、猪、人等）吞食后，六钩蚴钻入肠壁血管，随血流到达脑和脊髓中，经2~3个月发育为脑多头蚴。犬等食肉动物吞食了含多头蚴的脑脊髓而感染，原头蚴附着于小肠壁上发育，经45~75天虫体成熟，发育成为多头绦虫。

### （三）掌握流行病学特点

脑多头蚴病的分布极其广泛，全国各地均有报道，在西北、东北及内蒙古等牧区多呈地方性流行。两岁多的羔羊多发，全年都可见因本病而死亡的动物。本病多发生于牧区，其流行为典型的动物循环型。牧区牛羊与犬狐等食肉动物经常接触，给脑多头蚴病的流行创造了条件。犬、豺、狼、狐狸等食肉动物吃了感染的病畜脑或脊髓而被感染。被感染的食肉动物（犬、豺、狼、狐狸等）不断向外界排放孕卵节片，污染了环境，构成流行。因此脑多头蚴病在一年四季均可发生。

### （四）辨明主要症状

疾病初期，六钩蚴的移行机械地刺激和损伤宿主脑膜和脑实体，引起脑膜炎和脑炎。此时，可出现体温升高，呼吸、脉搏加快，兴奋或沉郁，有时出现前冲后退和躺卧等神经症状，动物常于数日死亡。如能耐过转为慢性，则病羊精神沉郁，食欲不良，反刍减弱，逐渐消瘦。数月后，随着多头蚴包囊的增大，压迫脑组织不同部位而出现相应的神经症状。虫体如寄生在大脑表面，会发生转圈运动，头骨软化；如寄生在脑的前部，会发生视力障碍，盲目冲撞；如寄生在小脑，常有痉挛、流延与步行摇晃等。

（五）详细进行剖检

表现出脑膜炎和脑膜病变，在脑、脊髓处可发现1个或数个大小不等的囊状多头蚴。在病变或虫体相接的颅骨处，骨质疏松变薄，甚至穿孔，致使皮肤向表面隆起。

（六）临床诊断要领

由于病羊出现各种临床神经症状，且有头骨软化现象，剖检脑内发现寄生虫，结合流行病学资料，一般可以作出诊断。

（七）病料的送检

可将解剖收集的绦虫幼虫送有关实验室进行病原学鉴定，可确定病原的种类。

## 二、有效防治措施

（一）预防

（1）对犬进行定期驱虫，是预防本病的关键。在疫区应做到“犬犬投药，月月驱虫”，并对其排出的粪便或虫体进行深埋或焚烧处理。药物可用吡喹酮5~10毫克/千克体重一次口服，或氢溴酸槟榔碱以1.5~2毫克/千克体重一次口服。驱虫期间，将狗圈养一周，收集粪便，用火烧掉或者将粪便进行深埋等无害化处理。

（2）不让狗在草料上和水源附近歇息，以防狗粪污染草料和饮水。

（3）严禁用患脑多头蚴病的牛头、羊头喂狗或任意抛弃，应将其焚烧或深埋。

(4) 扑杀野狗，切断传染源。

### (二) 治疗

(1) 对头部前方脑髓表层的虫体，可用外科手术方法摘除。在脑深部和后部寄生者则难以摘除。可试用吡喹酮和丙硫咪唑口服或注射治疗。

(2) 近年来用吡喹酮和丙硫咪唑进行治疗，获得较满意的效果。

# 第五节　羊棘球蚴病

羊的棘球蚴病又称包虫病（或肝包虫病），是由细粒棘球绦虫的中绦期——棘球蚴寄生于绵羊、山羊等家畜的肝脏组织中所引起的一种严重的人畜共患寄生虫病。本病几乎遍布全世界，在我国甘肃、宁夏、青海、新疆、陕西、内蒙古及四川西部等牧区为常见的寄生虫病。

## 一、诊断技术

### (一) 了解病原特征

细粒棘球绦虫是绦虫类最细小的一种，其成虫主要寄生在狗的小肠内，狗是最重要的终末宿主和传染源，亦寄生于狼等其他肉食动物。细粒棘球绦虫成虫的虫体长 2~7 毫米，雌雄同体，由 1 个头节和 3 个体节（即幼节、成节和孕节）组成。头节顶有顶突及大小两圈小钩，并有四个吸盘。棘球蚴寄生于羊的肝脏、肺脏等脏器内，呈多样的囊状，囊内充满液体，体积大小不一。包虫囊肿在肝内多为单发性，其部位又以肝右叶最多见。

### (二) 熟悉生活史

细粒棘球绦虫寄生于犬、狼、狐狸等动物小肠内，虫卵或孕卵节片随着终末宿主（犬）的粪便排出体外，中间宿主（牛、羊）随着污染的草、料和饮水吞食虫卵后而受到感染，虫卵内的六钩蚴在消化道孵出，钻入肠壁，随血液或淋巴散布到体内各处，经过6~12个月的生长可成为具有感染性的棘球蚴，终末宿主（犬科动物）吞食了含有棘球蚴的脏器感染，经过40~60天发育成细粒棘球绦虫成虫。虫体在犬体内的寿命为5~6个月。

### （三）掌握流行病学特点

细粒棘球蚴呈世界性分布。在我国，细粒棘球蚴病主要分布于西部和北部广大农牧地区，主要包括新疆维吾尔自治区、青海、宁夏回族自治区、甘肃、西藏自治区、内蒙古自治区和四川等7个省（自治区），其次是陕西、山西和河北的部分地区。另外，在东北三省、河南、山东、安徽、湖北、贵州和云南等省有散发病例。多房棘球绦虫主要分布于我国中部和西部地区，细粒棘球蚴病和多房棘球蚴病在我国高度流行，已严重影响我国中西部地区人畜的健康和经济发展。绵羊是细粒棘球绦虫最适宜的中间宿主，在流行病学上有很重要的意义。放牧的羊群与牧羊犬接触密切，吃到虫卵的机会多；牧羊犬又常可吃到绵羊含细粒棘球蚴的内脏，因而造成了绵羊和犬之间的循环感染。人和动物感染细粒棘球蚴，主要与常接触患细粒棘球蚴绦虫的病犬有直接关系。

### （四）辨明主要症状

棘球蚴的直接危害为机械性损伤和毒素作用。机械性压迫引起周围组织萎缩和脏器功能障碍，严重者可致死。绵羊对棘球蚴比较敏感，死亡率高。严重感染者表现为被毛逆立，时常脱毛，肥育不良，消瘦，咳嗽，倒地不起。肝严重感染时，叩诊时浊音区扩大，触诊浊音区，病畜表现疼痛；当肝脏容积增大时，腹右侧膨大；由于肝脏受害，患畜营养失调，反刍无力，常鼓气。

### （五）详细进行剖检

肝表面凹凸不平，可在该处找到棘球蚴；有时也可在其他脏器如肺、脾、肾、肌肉、皮下、脑、脊椎管、骨等处发现。切开棘球蚴则可见有液体流出，将液体沉淀后，除不育囊外，即可用肉眼或在解剖镜下看到许多生发囊与原头蚴（即包囊砂）；有时肉眼也能见到液体中的子囊，甚至孙囊。另外，也偶然见到钙化的棘球蚴或化脓灶。

### （六）临床诊断要领

根据流行病学、病史、典型临床症状及剖检结果可作出确诊。

### （七）病料的送检

可采集病羊脏器上的虫体送有关实验室进行病原种类鉴定；也可采集羊群的血清，进行流行病学调查。

## 二、有效防治措施

### （一）预防

（1）严格执行检疫制度，严禁用患畜的脏器喂犬及任意抛弃。患畜内脏应销毁或深埋处理，以防被犬或其他肉食兽食入。

（2）限制家养犬，扑杀野犬。对牧场上的犬、野犬应进行监控，并用吡喹酮（5 毫克/千克）、丙硫咪唑（15 毫克/千克）定期驱虫。将所排出的粪便及垫草等全部烧毁或深埋等无害化处理，杀灭其中的虫卵，以免散布病原。

（3）加强牦牛群的饲养管理，注意圈舍卫生，饲草干净，饮水清洁；增强牦牛体质，提高抵抗力。

（4）对羊群（包括牛群）进行定期预防性驱虫。

### （二）治疗

（1）丙硫咪唑：以 90 毫克/千克体重/天（毫克/千克/天）一次口服，连用 2 次，杀原头蚴率 82%～100%。

（2）吡喹酮：25～30 毫克/千克体重一次口服（总剂量为 125～150 毫克/千克体重）。

（3）人确诊后可手术摘除，但应保证包囊不破裂。

（4）成虫：吡喹酮 5～10 毫克/千克，驱虫率 100%。

# 第六节　羊消化道线虫病

羊消化道线虫病是由各种消化道线虫寄生于羊的消化道而引起

的。消化道线虫的种类很多，据报道有10多种。各种消化道线虫引起的疾病大体相同，其中以捻转血矛线虫的危害最为严重。

## 一、诊断技术

### （一）了解病原特征

各种消化道线虫主要包括：捻转血矛线虫、仰口线虫、食道口线虫、毛首线虫、夏伯特线虫、细颈线虫、毛圆线虫、马歇尔线虫、古柏线虫、奥斯特线虫等。虫体呈线状，细小，其长度一般在10～30毫米或更小。捻转血矛线虫是一种纤细柔软淡红色线虫。雄虫长15～19毫米，呈淡红色。雌虫长27～30毫米，它白色的生殖器官环绕于因含血液而呈红色的肠道周围，形成红白二线互相捻转的外观，所以称为捻转血矛线虫或捻转胃虫。

### （二）熟悉生活史

以捻转血矛线虫的生活史为例，成虫寄生于皱胃，偶见于小肠。捻转血矛线虫的繁殖力很强，每虫每日可产卵5 000～10 000个。在适宜温度下（26℃）19小时可孵化。虫卵随粪便排出体外，在适宜的条件下，经4～5天孵出幼虫，再经4～5天幼虫脱皮两次成为感染性幼虫（L3幼虫）。感染性幼虫带有鞘膜，在干燥环境中，可借助休眠状态生存半年。感染性幼虫在潮湿的环境中离开粪便，群集在草上，当羊、牛吃草时吞食了感染性幼虫（L3幼虫）而被感染，幼虫在瘤胃脱鞘，到达皱胃（真胃）后钻入黏膜进行发育，感染后18～21天发育成熟，成虫游离于胃腔内，而且大量产出虫卵。成虫的寿命不超过1年。

### （三）掌握流行病学特点

羊的各种消化道线虫均系土源性发育，即在它们的发育过程中不需要中间宿主的参加，羊在吃草或饮水时，如食入了线虫的感染性幼虫或感染性虫卵即被感染。仰口线虫的感染性幼虫既可经口感染，又可直接钻入皮肤发生感染。羊群的发病与山地草场上活动的幼虫数量直接相关。据甘肃地区的调查，绵羊消化道9个属的线虫在草原上的季节动态为：春季高潮开始于3—5月，4—6月达到高峰，7月后下降，有时在秋季（8—10月）出现小高潮。各种线虫在冬季均为低潮，当年羔羊的高潮期均在7—8月。

（四）辨明主要临床症状

多以消化道紊乱和胃肠炎为主要特征，主要表现为食欲减退、发育不良、拉稀、消瘦、贫血，严重者下颌水肿。这类疾病一般呈慢性经过，以贫血和消化紊乱为主。临床上单一线虫感染较少见，常常是多种线虫的混合感染，由于虫体共同寄生，种类多，数量大，常使牛羊严重患病，甚至大群死亡。

（五）详细进行剖检

羊尸体消瘦、贫血，消化道各部有数量不等的线虫寄生，卡他性肠炎，大肠内可见到黄色小点状的结节和化脓结节。真胃（皱胃）黏膜水肿，有时可见到虫咬的痕迹和针尖大到粟粒大的小结节，肝、脾不同程度萎缩。病羊的全身病变以贫血、水肿为主，黏膜和皮肤苍白，血液稀薄如水，内部各脏器色淡。有胸水、心包积液和腹水，腹腔内脂肪组织变成胶冻状。肝可由于脂肪变性而呈现淡棕色。

（六）临床诊断要领

根据当地流行病学资料、患者症状（多呈慢性及消耗性疾病表现），死羊或病羊剖检发现虫体，一般可以确诊。

（七）病料的送检

生前收集病羊粪便，或死后剖检采集虫体，送有关实验室进行虫卵或病原种类鉴定。

## 二、有效防治措施

（一）预防

（1）预防性驱虫：可根据当地的流行情况对全群牛羊进行驱虫，一般在春秋各进行一次，冬季可用高效驱虫药驱杀黏膜内休眠的幼虫，以消除春季排卵高潮，在转换牧场时应进行驱虫。

(2) 药物预防：在严重流行地区，放牧期间可将硫化二苯胺混于精料或食盐内任其自行舔食，持续2~3个月；或采用控制释放药物、缓释剂进行预防，可有效地降低羔羊的死亡率和感染率。

(3) 加强饲养管理：放牧牛羊应尽可能避免潮湿地带，不吃"露水草"，尽量避开幼虫活跃时期，以减少感染机会；注意饮水卫生，建立清洁的饮水点；注意保持羊圈清洁，粪便堆积发酵处理；合理地补充精料和矿物质，提高畜体自身的抵抗力。

(4) 全面规划牧场：有计划地进行分区轮牧，适时转移牧场。为了提高草地的利用率可与不同种牲畜进行轮牧。

### (二) 治疗

治疗应结合对症、支持疗法，补饲富含蛋白质、矿物质（尤其是铁）的精料，选用如下驱虫药。

(1) 左旋咪唑，6~10毫克/千克，一次口服，奶牛的休药期不得少于3天。

(2) 丙硫咪唑，10~15毫克/千克，一次口服。

(3) 甲苯咪唑，10~15毫克/千克，一次口服。

(4) 伊维菌素，0.2毫克/千克，一次口服或皮下注射。

(5) 阿维菌素：以0.2毫克/千克体重口服。

# 第七节　羊肺丝虫病

羊肺丝虫病是由丝状网尾线虫（大型肺丝虫）或各种小型肺丝虫寄生在羊气管、支气管、细支气管或肺实质内引起的一种寄生虫。羔羊比成年羊更易感染。

## 一、诊断技术

### (一) 了解病原特征

病原为肺线虫，主要包括网尾科的丝状网尾线虫（大型肺线虫）

和原圆科的原圆、缪勒、刺尾、歧尾等属的许多种线虫（小型肺线虫）。

大型肺线虫：丝状网尾线虫是危害羊的主要寄生虫，不需要中间宿主。该虫系大型乳白色虫体，肠管呈黑色穿行于体内，口囊小而浅。雄虫长30~80毫米；交合伞的中侧肋和后侧肋合并，仅末端分开；1对交合刺粗短，为多孔状结构，黄褐色，呈靴状。雌虫长50~112毫米，阴门位于虫体中部附近。

小型肺线虫：种类繁多，其中缪勒属和原圆属线虫分布最广，危害也较大。该类线虫虫体纤细，长12~28毫米，肉眼刚能看见；口由3个小唇片组成，食道长柱形，后部稍膨大；交合伞背肋发达，小型肺线虫不同于大型肺线虫，在发育过程中需要中间宿主的参加。中间宿主为旱螺或淡水螺。

### （二）熟悉生活史

大型肺丝虫成虫寄生在羊气管和支气管内，含有幼虫的虫卵或已孵出的幼虫，随咳痰咳出，或咽下后经粪便排出。幼虫能在水、粪中自由生活，在6~7天发育成侵袭性幼虫，由消化道进入血液，再由血液循环到达肺部。本病在低湿牧场和多雨季节最易感染。小型肺丝虫的雌虫在肺内产卵，幼虫由卵孵出后由气管上行至口腔，随痰咳出或吞咽后进入消化道，再随粪便排出，幼虫钻入旱地螺或淡水螺体内，经过一段时间的发育后，再由螺体内钻出来，随羊吃草或饮水进入羊消化道，再通过血液循环进入肺部。

### （三）掌握流行病学特点

大型肺线虫主要感染羔羊和幼龄羊，成年羊遭受感染后症状较轻微，但可成为带虫者，常发生于春、夏、秋三个季节；小型肺线虫对羊的感染率及感染强度则随年龄的增长而增高。

### （四）辨明主要症状

一般羊感染一个月后开始出现症状，多呈肺炎或胸膜炎症状。病羊轻者咳嗽，特别是在羊被驱赶和夜间休息时最为明显；重者呼吸喘促，咳嗽频繁而剧烈，鼻液黏涕；病羊食欲减退，被毛粗乱，精神沉郁，逐渐消瘦，一般无体温反应，并发感染其他疾病（肺炎）时体温可高达40~42℃，贫血，头胸部和四肢水肿，最后因肺炎或严重消瘦而死。

### （五）详细进行剖检

尸体消瘦，贫血。支气管中有黏性、黏液脓性、混有血丝的分泌物团块，团块中有成虫、虫卵和幼虫。支气管黏膜混浊，肿胀，充血，并有小点出血；支气管周围发炎。有不同程度的肺膨胀不全和肺气肿。有虫体寄生的部位，肺表面稍隆起，呈灰白色，触诊时有坚硬感，切开时常可发现虫体。

### （六）临床诊断要领

根据临床症状，结合剖检时在支气管、气管中发现一定量的虫体和相应的病变时，可以确诊。用幼虫检查法，在粪便、唾液或鼻腔分泌物中发现第1期幼虫即可确诊。剖检时在支气管、气管中发现一定量的虫体和相应病变时，亦可确认本病。

### （七）病料的送检

可收集病羊的粪便，或解剖时采集在支气管、气管中发现的虫体，送有关实验室进行幼虫和成虫种类的鉴定。

## 二、有效防治措施

### （一）预防

（1）加强饲养管理，增强体质。

（2）在流行区，每年春、秋季节各进行预防性驱虫一次。驱虫时集中羊群数天，粪便应进行堆积发酵，以杀死幼虫和虫卵。

（3）采用药物预防：将酚噻嗪（羔羊0.5克，成羊1克）混入饲料中服用，隔日喂一次，共喂3次。

### （二）治疗

（1）左旋咪唑：以7~8毫克/千克体重一次口服，或以5~6毫克/千克体重肌内或皮下注射。

（2）丙硫咪唑：以10~20毫克/千克体重一次口服。

（3）氰乙酰肼（网尾素）：以17毫克/千克体重一次口服，连用3天；或以15毫克/千克体重肌内或皮下注射。

（4）氟苯咪唑，按30毫克/千克体重混饲，1次/天，连用5天。

（5）阿维菌素或伊维菌素，按0.2~0.3毫克/千克体重皮下注射。

## 第八节　羊泰勒虫病

羊泰勒虫病是由媒介蜱传播的泰勒属（*Theileria*）的原虫寄生于绵羊和山羊巨噬细胞、淋巴细胞和红细胞内所引起的疾病的总称。最早在1914年发现于埃及绵羊。在中国，1958年杨辅国最早报道了四川的羊泰勒虫病，之后在青海、甘肃、辽宁、内蒙古自治区、陕西和宁夏回族自治区等地也有报道。该病在中国大多省份都有分布，北方流行广泛。其危害严重，可引起羔羊和外地引进羊的大量死亡，对养羊业的危害极大。

### 一、诊断技术

#### （一）了解病原特征

目前，寄生于绵羊和山羊的泰勒虫全球至少有6种：莱氏泰勒虫、尤氏泰勒虫、吕氏泰勒虫、绵羊泰勒虫、分离泰勒虫和隐藏泰勒虫。其中莱氏泰勒虫、尤氏泰勒虫和吕氏泰勒虫致病力较强，称为恶性泰勒虫；而绵羊泰勒虫、分离泰勒虫和隐藏泰勒虫致病力较弱或没有致病性，称为温和型泰勒虫。在中国至少存在3种感染绵羊和山羊的泰勒虫，即尤氏泰勒虫、吕氏泰勒虫和绵羊泰勒虫。尤氏泰勒虫、吕氏泰勒虫和绵羊泰勒虫在形态学上难以区分，这3种羊泰勒虫血液型虫体呈多形性，有圆形、逗点形、杆形、椭圆形和钉子形等。在病羊淋巴结、脾脏、肝脏、肾脏、肺脏的压片及末梢血液涂片中可见裂殖体。裂殖体分为小型裂殖体和大型裂殖体两种类型。

### (二) 熟悉生活史

羊泰勒虫能感染绵羊和山羊，亦可感染某些野生动物，它的完整生活史需要在哺乳动物和传播媒介蜱体内完成。泰勒虫在媒介蜱体内进行有性生殖，即配子生殖（Gamogony）；在蜱的唾液腺内进行孢子生殖（Sporogony），在哺乳动物体内进行无性生殖，即裂殖生殖（Merogony 或 Schizogony），主要发育过程如下。

1. 在蜱体内的发育史

蜱叮咬感染泰勒虫的宿主动物并吸食血液后，泰勒虫随之进入蜱肠管，并在很短的时间内开始配子生殖。虫体在蜱中肠内发育成雄性和雌性的配子，配子呈纺锤形具有一个短剑样顶突和几根鞭毛样凸起，故又称为辐肋体或射线体（Strahlenkorper），小配子融合为大配子，最后形成了动合子（Zygote）。在泰勒虫中，动合子直接侵入唾液腺，不进入其他器官细胞中发育繁殖，所以泰勒虫不经卵传播。感染蜱在下一个发育阶段叮咬宿主动物时，孢子体内快速进行孢子生殖，形成大量子孢子并随蜱的唾液腺进入宿主动物体内，首先感染宿主淋巴细胞或巨噬细胞。这种幼蜱或若蜱吸食了含有泰勒虫的血液，在其下一个发育阶段，即若蜱和成蜱阶段传播病原的方式叫期间传播（Stage-to-stage transmission）。

2. 在哺乳动物体内的发育史

泰勒虫的子孢子不直接侵入红细胞，而是侵入淋巴细胞（或巨噬细胞），并在其中发育成裂殖体（Schizont）。裂殖体释放出大量裂殖子（Merozoite），裂殖子进而侵入并感染红细胞，裂殖子在红细胞进行出芽生殖，形成四分染色体，这使得泰勒虫能在红细胞中呈现十字架状的典型形态。

### (三) 掌握流行病学特点

尤氏泰勒虫和吕氏泰勒虫主要分布于中国北方地区，已证实传播媒介为长角血蜱和青海血蜱，传播方式为阶段性传播。绵羊泰勒虫主要分布于非洲、德国、法国、巴尔干半岛、中东、印度和苏联南部等国家。在中国绵羊泰勒虫主要分布于新疆，其传播媒介为小亚璃眼蜱。

羊泰勒虫病的暴发和流行与传播媒介蜱的活动密切相关。青海血蜱和长角血蜱是尤氏泰勒虫和吕氏泰勒虫的传播媒介。每年3月份开始发病，4月中下旬至5月上旬为高峰，6月开始减少；秋季发生于中秋节以后的1个月内，但发病数较少，病情较轻。各种年龄的羊对本病均有易感性，但以1~4月龄的羔羊和1~2岁幼龄羊发病率高，成年羊较少发病。但自外地新引进的羊（无论年龄大小）均具有较高的发病率和死亡率。

### （四）辨明主要症状

病初体温升高为40~42℃；脉搏加快，心律不齐，呼吸次数增多；肢体僵硬；精神不振，后期则沉郁，卧地不起，对周围事物无反应；反刍减弱，便秘并带血样黏液；可视黏膜苍白、黄染，呈极度贫血；体表淋巴结肿大，尤以肩前淋巴结明显，触压痛感严重。病程一般为6~12天，急性者可在1~2日倒毙。

### （五）详细进行剖检

病尸消瘦，血液稀薄，血凝不良；全身淋巴结不同程度肿大、充血或出血；肝、脾肿大，质脆呈土黄色；胆囊肿大，充满胆汁；肺脏充血、水肿；肾、心、脾均有明显的出血点，整个内脏器官呈现明显的败血样病变。胸及腹部皮下组织水肿，胶冻样浸润，不同程度的黄染；第四胃黏膜水肿，散在有出血点和大小不等的溃疡灶。小肠和盲肠黏膜可见点状出血。

### （六）临床诊断要领

根据临床症状（高热稽留、肩前淋巴结肿大、肢体僵硬）、流行病学资料（如是否有蜱叮咬等、发病季节）及病理变化，可做出初步诊断。在血液涂片上发现虫体以及在淋巴结穿刺物涂片上发现石榴体即可确诊。

另外，国内外均建立了羊的泰勒虫的ELISA方法，可用于血清流行病学调查。分子生物学检测技术如聚合酶链式反应（Polymerase

Chain Reaction，PCR）、反向线状印迹（Reverse Line Blot，RLB）、环介导等温扩增技术（Loop－Mediated Isothermal Amplification，LAMP）和多重 PCR 技术等，能进行病原核酸检测和虫种鉴定。

此外，本病用抗生素治疗无效，也可作为诊断的依据之一。

### （七）病料的送检

采集病羊耳静脉血液或淋巴结穿刺物制备血液涂片，送有关实验室进行病原学检查，以便确诊。另外，亦可采集患畜抗凝血液和血清，进行血清学和分子检测。

## 二、有效防治措施

### （一）预防

本病的关键在于灭蜱，根据本地区蜱的活动规律和生活习性制定药浴、喷雾等灭蜱措施。可使用的药物有溴氰菊酯、三氮脒等杀虫剂。自疫区引进羊只时，必须进行检疫隔离和灭蜱处理，防止将蜱带进安全区域。在疫区，发病季节对当年羔羊应用 2%三氮脒溶液进行药物预防注射，剂量为 5 毫克/千克体重肌内注射，每隔 10～15 天注射 1 次。

### （二）治疗

至今尚无针对泰勒虫病的特效治疗药物。但如能尽早使用比较有效的杀虫药物，再配合对症治疗，特别是输血疗法以及加强饲养管理，可以大大降低病死率。由绵羊泰勒虫引起的羊泰勒虫病，由于症状轻微或无临床症状，一般不需要治疗。目前认为较有效的治疗药物有以下几种。

贝尼尔（血虫净、三氮脒）：用蒸馏水（如用鱼腥草注射液效果更佳）配成 1%～5%溶液，按剂量肌内注射，1～2 次即可治愈，羊只无不良反应。如使用 5 毫克/千克体重剂量，则需注射 2～3 次。

磷酸伯氨喹啉：按 1.5 毫克/千克体重，口服，1 天 1 次，连用 3 天。

硫酸喹啉脲：配成5%溶液，按剂量做皮下或肌内注射。

蒿甲醚：按剂量每天颈侧肌内注射，连用4天。

青蒿琥酯：按剂量口服，首次量加倍，以后每隔12小时用药1次，经2~4天达到治愈标准。

## 第九节　羊巴贝斯虫病

羊巴贝斯虫病是由巴贝斯科巴贝斯属的多种病原寄生于羊的血液系统引起的蜱传性血液原虫病，临床以高热、贫血、黄疸和血红蛋白尿为主要特征。

### 一、诊断技术

#### （一）了解病原特征

目前，公认的感染羊的巴贝斯虫主要有绵羊巴贝斯虫（*B. ovis*）、莫氏巴贝斯虫（*B. motasi*）和粗糙巴贝斯虫（*B. crassa*）等3种病原。在国内，陈德明（1982）在四川甘孜州首次报道绵羊焦虫病，病原大小为（2.5~3.5）微米×1.5微米，长度大于红细胞半径，可能为莫氏巴贝斯虫，但未分离到病原，也未进行人工感染试验。自20世纪90年代开始，兰州兽医研究所在我国分离到多株羊的莫氏巴贝斯虫。关贵全等（2009）于采自我国新疆维吾尔自治区的喀什地区的小亚璃眼蜱体内分离到一株感染羊的大型巴贝斯虫，并在病原形态学、致病性、传播媒介、血清学和分子分类等方面证实可能为一新种，在我国璃眼蜱分布的区域广泛存在。莫氏巴贝斯虫为大型虫体，典型梨籽形虫体的大小为（1.6~2.0）微米×（2.5~2.9）微米，虫体两尖端相连，之间的夹角为锐角，单个虫体的长度大于红细胞半径，每个梨籽形虫体内含有1~2个深紫色的染色质团；羊巴贝斯虫为小型虫体，虫体长度小于红细胞半径，大小为（1.3~1.8）微米×（1.8~2.4）微米，大部分虫体的两尖端相连，夹角为锐角或平角，大部分虫体较宽，使得虫体看起来近似圆形。

## （二）熟悉生活史

巴贝斯虫的生活史较为复杂，尽管科学家对巴贝斯虫在脊椎动物宿主和媒介蜱体内的发育过程进行了深入的研究，但是截至目前，对其完整生活史的认识尚不完全。总的来说，巴贝斯虫完成一个完整的生活史，需要经过两个宿主。一个宿主是哺乳动物，另一个宿主是硬蜱。硬蜱既是其传播媒介，又是其贮藏宿主，在蜱体内巴贝斯虫经卵方式传播。巴贝斯虫具有典型的孢子虫生活史的 3 个阶段，即裂殖生殖、配子生殖和孢子生殖。

1. 裂殖生殖

巴贝斯虫的子孢子进入哺乳动物体内后，直接进入红细胞，以二分裂或出芽方式进行裂殖生殖，然后形成配子体。

2. 配子生殖

巴贝斯虫的配子体随蜱的吸血进入蜱肠管，发育为射线体，即配子。通过配子的融合形成合子，然后发育为动合子。

3. 孢子生殖

巴贝斯虫的动合子侵入肠上皮、血淋巴、马氏管、肌纤维等各种组织，通过孢子生殖，形成更多的动合子。动合子侵入蜱卵母细胞后，保持休眠，当蜱发育成熟并采食时，才开始进入蜱唾液腺转为孢子体，反复进行孢子生殖，形成对哺乳动物具有感染性的子孢子。

## （三）掌握流行病学特征

囊形扇头蜱（*R. bursa*）可传播绵羊巴贝斯虫；血蜱属（*Haemaphysalis*）的蜱种可传播莫氏巴贝斯虫。当感染巴贝斯虫的蜱叮咬动物和人时，可将病原传给脊椎动物宿主。另外也有因输血、手术器械污染而感染巴贝斯虫病的病例。本病主要发生在春、夏、秋三季，与蜱的活动季节相一致，而且有一定的地区性，一般呈散发。多发于放牧动物，舍饲动物较少发病。一年出现 2~3 个发病高潮，夏季和秋季发病最多，春季较少。本地动物对本病有一定的抵抗力，良种或有由外地引入的动物易感性较高，症状严重，病死率高。

### （四）辨明主要症状

病羊最初表现为高热稽留，体温可升高到41~42℃，脉搏和呼吸加快，精神沉郁，喜卧地；食欲降低或废绝，便秘或腹泻；病羊迅速消瘦、贫血，可视黏膜苍白、黄染；血液稀薄，红细胞数降低至400万/毫米$^3$以下，血红蛋白量减少，血沉加快；红细胞大小不均，着色淡，有时还可见到幼稚型红细胞。病情较重可见血红蛋白尿，最终死亡。

### （五）详细进行剖检

可见尸体消瘦、贫血，可视黏膜苍白、黄染；血液稀薄，血凝不全；皮下组织、肌间结缔组织和脂肪均呈黄色胶样水肿状，各内脏器官被膜均黄染；肝、脾肿大，表面有出血点，胆囊肿大2~4倍，内充盈胆汁；肾肿大，淡红黄色，有点状出血；膀胱膨大，有多量红色尿液，黏膜有出血点；第二胃内塞满干硬的食物，镜下表现为急性肾小球肾炎，弥漫性血管内凝血综合征；肺瘀血、水肿；心肌柔软，黄红色；心内外膜有出血斑。

### （六）临床诊断要领

根据当地流行病学资料、典型临床症状与剖检变化可以做出初步诊断。与泰勒虫病诊断方法相似。

### （七）病料的送检

自病羊的耳部采集血液制备血液涂片，送有关实验室进行病原学检查，以便确诊。另外，亦可以采集患畜抗凝血液和血清，进行血清学和分子检测。

## 二、有效防治措施

### （一）预防

同羊泰勒虫病的预防。

### （二）治疗

（1）贝尼尔（血虫净，三氮脒）：按5毫克/千克体重肌内注射，每日1次，连用2次。

（2）咪唑苯脲：按2毫克/千克体重肌内注射，每日1次，连用2次。

## 第十节　羊弓形虫病

弓形虫病是由刚地弓形虫引起的一种危害非常严重的人兽共患寄生虫病。广泛流行于世界各地，虫体可寄生于包括人类在内的一切哺乳类动物、鸟类和爬行类动物，引起复杂而严重的病症。

### 一、诊断技术

#### （一）了解病原特征

弓形虫在羊体内以滋养体和包囊两种形式存在。滋养体主要发现于急性病例的腹水、胸水、脑脊液中，呈新月形、香蕉形或弓形，大小为（2~4）微米×（4~7）微米，一端稍尖，一端钝圆；包囊性虫体出现于慢性病例或无症状带虫羊，主要寄生于脑、骨骼肌、视网膜、心、肺、肝、肾等处，呈圆形，有较厚的囊膜，囊内的虫体数目可由数十个至数千个，包囊的直径为50~60微米，最大可达到100微米。

#### （二）熟悉生活史

弓形虫具有双宿主生活周期，分别在肠外和肠内两个阶段发育。在肠外阶段发育时系无性繁殖，在各种中间宿主（如哺乳动物和鸟类）体内进行肠外期发育，在终末宿主（猫和猫科动物）肠内进行球虫性发育。在肠内阶段的发育中，既有无性繁殖，又有有性繁殖，但仅在终末宿主小肠黏膜上皮细胞内发育。在猫和猫科动物体内可以完成全部生活史，但是在猫科以外的动物及人体内则只进行无性繁殖。全部生活史分5期，即滋养体期、包囊期、裂殖体期、配子体期和卵囊期。前3期是无性繁殖，后2期是有性繁殖。无性繁殖可造成全身感染，而有性繁殖则在肠黏膜形成局部感染。

### （三）掌握流行病学特点

猫科动物是弓形虫终末宿主。当猫科动物捕食感染有弓形虫的鼠或动物组织后，虫体可在猫肠道内发育成卵囊，卵囊随粪便排出，羊摄食了被卵囊污染的食物、饮水及土壤而遭弓形虫的感染。因而本病的传播和流行常与猫的活动有关。

### （四）辨明主要症状

分亚急性感染和隐性感染两种。隐性感染主要发生于成年羊，一般没有特异的症状，但怀孕母羊多在正常分娩前 4~6 周流产，流产时常伴有胎衣不下，死胎和干尸化胎占一定比例。亚急性感染的羊主要表现为神经症状，数天后行走困难，肌肉僵硬，呼吸困难，体温升高，然后卧地不起，一般持续 2 周左右，最后因呼吸极度困难而死亡。

### （五）详细进行剖检

主要表现在胎盘的特征性病变，及胎盘子叶肿胀，绒毛呈暗红色，有 1~2 毫米的白色坏死灶。此外，还经常见到中枢神经系统的非化脓性脑炎的病变。

### （六）临床诊断要领

弓形虫病在临床表现、病理变化和流行病学上虽均有一定的特点，但仍不足以作确诊的依据；必须在实验室诊断中查出病原体或抗体，方能做出结论。实验室诊断方法有 3 种。

1. 直接观察

将疑似病畜或病尸的组织或液体作涂片、压片或切片，观察有无弓形虫。

2. 动物接种

将疑似病料接种易感动物，如小鼠、天竺鼠和家兔等动物体内，观察是否有虫体出现。

3. 血清学诊断

可用染料试验、补体结合试验、中和抗体试验、血球凝集试验、

ELISA 或荧光抗体试验等。

### （七）病料的送检

采取病羊的或病尸的血液、脑脊液、肺门淋巴结、肝、脾、心、肺等组织器官，送有关实验室进行病原学鉴定、动物接种试验和间接血凝试验等，以便确诊。

## 二、有效防治措施

### （一）预防

畜舍应保持清洁，定期消毒；严格阻断猫类及其排泄物对畜舍、草料、水源的污染。母羊流产的胎儿及其排出物均须严格处理；尽一切力量消灭鼠类；防止家养和野生肉食动物接触羊只和畜舍。

### （二）治疗

（1）磺胺嘧啶+甲氧苄胺嘧啶，前者剂量为 70 毫克/千克体重，后者按 14 毫克/千克体重，每日 2 次，口服，连用 3~4 天。

（2）磺胺甲氧吡嗪+甲氧苄胺嘧啶，前者剂量为 30 毫克/千克体重，后者按 10 毫克/千克体重，每日 1 次，口服，连用 3~4 天。

（3）磺胺-6-甲氧嘧啶，剂量为 60~100 毫克/千克体重；或配合甲氧苄胺嘧啶（14 毫克/千克体重），每日 1 次，口服，连用 4 次。

上述治疗弓形虫病的有效药物均有较好的疗效，但要早用药；如用药较晚，虽可使临床症状消失，但不能抑制虫体进入组织形成包囊，从而使病畜成为带虫者。应注意的是，在应用药物治疗的过程中，不能忽视对机体抵抗力和改善机体早日康复的治疗。因此，适当的对症辅助治疗是必要的。

# 第十一节　羊鼻蝇蛆病

羊鼻蝇蛆病，也称羊鼻蝇蚴病，是由羊鼻蝇的幼虫寄生在羊的鼻腔及附近腔窦内所引起的疾病，呈现慢性鼻炎症状。

## 一、诊断技术

### （一）了解病原特征

羊鼻蝇形似蜜蜂，全身密生短绒毛，体长 10~12 毫米。

幼虫分为第一期幼虫、第二期幼虫和第三期幼虫。第一期幼虫呈淡黄色，长 1 毫米；第二期幼虫呈椭圆形，长 20~25 毫米；第三期幼虫长约 30 毫米，各节上有深棕色的条带。

### （二）掌握流行病学特点

本病在我国北方广大地区较为常见，流行严重的地区感染率高达 80%。它的传播主要是通过雌性鼻蝇突然将幼虫产在羊鼻孔内或鼻孔周围，幼虫逐渐爬入额窦或鼻窦内，在其内生长，造成炎症而致病。一般发生于每年的 5—9 月，尤以 7—9 月为最多。

### （三）熟悉生活史

羊鼻蝇成蝇在春季到秋季期间出现，尤以夏季最多。羊鼻蝇直接产出幼虫，经蛹期后变为成蝇。他们在炎热的气候里表现最活跃。雌雄蝇交配后，雄蝇不久死亡。雌蝇待体内幼虫发育后，开始飞翔寻找羊鼻并将幼虫产于羊鼻孔内或鼻孔周围。雌蝇一次能产出 20~40 条幼虫，数日内能产下 600 条幼虫，产完幼虫后雌蝇死亡。幼虫随后爬入鼻腔，并逐渐向鼻腔深部蔓延，包括鼻窦、额窦，甚至颅腔，在此发育为二期幼虫，并继续发育为三期幼虫。幼虫在羊鼻的寄生期 9~10 个月，到次年春天，成熟的幼虫又爬向鼻腔浅处，由鼻孔爬出。当羊打喷嚏时，幼虫被喷出落入地上，随后钻入土或羊粪内化为蛹。蛹期经历 1~2 个月后羽化为成蝇。成蝇寿命 2~3 周。

### （四）辨明主要症状

成蝇侵袭羊鼻孔产卵时，羊只表现不安，互相拥挤，频频摇头，影响采食、休息；寄生在鼻腔和窦中的幼虫引起黏膜充血、发炎、化脓，因而从羊的鼻孔流出多量鼻液，鼻液初为浆液性，后为黏液性和脓性，有时混有血液；当鼻液干涸在鼻孔周围形成硬痂时，使羊鼻孔堵塞，因而发生呼吸困难，此时病羊表现不安、打喷嚏、时时摇头、磨牙、磨鼻、眼睑浮肿、流泪、食欲减退、日渐消瘦。有时因羊鼻窦发炎而累及脑膜或幼虫进入颅内，则引起神经症状，即所谓“假旋回症”。患羊表现为运动失调，经常发作旋转运动，向左或向右旋转，头弯向一侧；或发生痉挛、麻痹等症状。

（五）详细进行剖检

对病羊进行剖检时，在鼻腔、鼻窦或额窦内常可发现羊鼻蝇幼虫。

（六）临床诊断要领

根据发病季节、临床症状可作出初步诊断；如在剖检时发现虫体即可确诊。应注意与羊多头蚴病和羊莫尼茨绦虫病的鉴别诊断。为了早期诊断，可用药物（如溴氰菊酯）喷入鼻腔，收集用药后的鼻腔喷出物，发现死亡幼虫，即可确诊。

（七）病料的送检

可将驱虫后收集的死虫体，或剖检获得的虫体送有关实验室进行病原种类的鉴定。

## 二、有效防治措施

（一）预防

根据不同季节鼻蝇的活动规律，采取不同的预防措施。

（1）夏季尽量避免中午放牧，因此时成蝇活动频繁。

（2）发动群众，捕捉羊舍墙壁刚孵出的成虫，因此时翅膀软弱，不善飞翔；也可利用成虫喜欢落在墙壁上的特点，在放牧场周围设置诱蝇板，引诱鼻蝇飞落在板上休息，每天早晨检查诱蝇板，将鼻蝇取下消灭；冬春季注意杀死从羊鼻内喷出的幼虫，同时在春季从羊圈的墙角挖蛹，将其杀灭。

（二）治疗

本病主要采取药物防治，一般于每年秋季进行。

（1）阿维菌素或伊维菌素：按每千克体重0.2毫克皮下注射或口服。

（2）碘硝酚：按每千克体重10~20毫升分点皮下注射。

（3）敌百虫：以2%溶液喷入鼻腔或用气雾法（在密室中），均可收到驱虫效果，对第一期幼虫效果理想。

（4）氯氰柳胺：按每千克体重5毫克口服，或2.5毫克皮下注射，可杀死各期幼虫。

可采用注射器进行注药，并前端装一胶管。先将羊头抬高，使之与地面平行，或使羊仰卧，头与地面成45°角，再将胶管插入鼻孔，缓缓注入药液。注完药液后，让羊继续保持原姿势，片刻之后放开。皮下注射可在颈部进行。

## 第十二节　羊螨病

羊螨病是由疥螨、痒螨或蠕形螨寄生在羊的皮肤表面或皮肤内而引起的慢性寄生性皮肤病。螨病又叫疥癣、疥虫病。该病传染性强，短期内可在羊群中传播蔓延，对大型羊场危胁较大，甚至可以造成羊群大批死亡。

### 一、诊断技术

#### （一）了解病原特征

病原为疥螨或痒螨。疥螨为一小型虫体，呈圆形，浅黄色，长0.2~0.5毫米，肉眼看不到，寄生于皮肤角化层下，不断挖掘隧道；痒螨寄生于皮肤表面，虫体呈长圆形，长0.5~0.9毫米，肉眼可见到。

#### （二）掌握流行病学特点

本病为一种接触性传播的寄生虫病，主要通过接触传播或通过被螨及其卵所污染的厩舍、用具、饮水间接接触引起感染。本病全年均可发生，但以秋冬雨季较为严重。幼龄羊的症状较严重。体质弱、抵抗力差的羊只易受感染。

### （三）熟悉生活史

螨虫的生活史属于不完全变态，其发育过程包括 4 个阶段：卵、幼螨、若螨和成螨，其中以幼螨的致病力最强。疥螨的 4 个阶段均在宿主身上发育，属终生寄生虫。刚受精的雌性疥螨会利用螯肢和第 1 对足的锐利边缘在宿主皮肤的表层挖深达 25 毫米的洞（角质层和颗粒层），并在里面产卵。6 条足的幼虫 3~5 天后孵化。幼螨、第 1 若螨和雄性第 3 若螨停留在隧道中，或迁移到毛囊中。而雌性第 3 若螨在皮肤表面与雄螨交配并蜕化为成螨。雌螨完成整个生活史需要 21 天，雄螨需要 14 天。雌性成螨的寿命可达 4 周。

雌螨与雄螨均有 2 个若螨期，但因雄螨的第一、第二若螨大小差异较小，在镜下不易区分，因而常认为雄螨仅有一个若螨期。雄螨常在宿主的皮肤表皮与雌螨的第二期若螨交配。交配后雄螨多数死亡。受精后的雌性若螨交配后钻入宿主角质层，脱化为成螨。成年雌螨利用螯肢和前足跗节末端的爪突挖凿隧道。2~3 天后在隧道内产卵，每天每只螨可产卵 2~4 枚，一生可产卵 40~50 枚。虫卵经 3~10 天孵出幼螨。幼虫孵出后可离开隧道，爬至宿主皮肤表面，再经毛囊或毛囊间的皮肤等处钻入皮肤。幼螨约 3 天后蜕皮为若螨。

### （四）辨明主要症状

羊患螨病时，不论是疥螨还是痒螨，它们因分泌毒素，刺激神经末稍，引起动物的剧痒，而且剧痒贯穿于螨病的整个过程。当患病动物进入温暖场所或运动后皮温升高时，痒觉更加剧烈。发生该病时，可见病羊不断在围墙、栏柱等处磨擦，由于磨擦和啃咬，患部皮肤出现丘疹、结节、水疱甚至脓疱，以后形成痂皮和龟裂。

由于螨的种类不同和病畜种类的不同，症状上亦有一些区别。疥螨一般寄生于皮肤柔软且毛短的部位如眼圈、鼻梁、嘴巴周围、耳根等处；痒螨则发生于被毛稠密的部位，如颈前、背部、臀部等处，尤其绵羊更是突出。此外，疥螨病患部渗出物少，痒螨病患部渗出物多；痒螨病比疥螨病更易引起脱毛；疥螨病患部由于皮肤严重增厚，皱褶更明显，甚至引起龟裂。

绵羊疥螨病：因病变主要在头部，患部皮肤如干涸的石灰，故有“石灰头”之称。

山羊疥螨病：主要发生在眼圈、鼻梁、嘴巴周围、耳根等处，可蔓延到腋下、腹下和四肢曲面等无毛及少毛部位。严重时口唇皮肤皱裂，采食困难，病变可波及全身，死亡率很高。

绵羊痒螨病：危害绵羊特别严重，可引起大批死亡。多发生在密毛的部位，如背部、臀部，然后波及全身。在羊群中首先引起注意的是羊毛结成束和体躯下部泥泞不结，零散的毛丛悬垂在羊体上，严重时全身被毛脱光。患部皮肤湿润，形成浅黄色痂皮。

山羊痒螨病：主要发生于耳壳内部，在耳内形成黄色痂皮，将耳道堵塞，病羊常摇头。严重时可引起死亡。

### （五）临床诊断要领

根据临床症状可作出诊断，但要注意与湿疹、秃毛癣、虱和毛虱等疾病的鉴别。

（1）湿疹：湿疹痒觉不明显，无传染性，皮屑内无螨虫。

（2）秃毛癣：秃毛癣患部呈圆形或椭圆形，界限明显，其上覆盖的浅黄色干痂易剥落，痒觉不明显。镜检经10%氢氧化钠处理的毛根或皮屑，可发现癣菌的芽孢或菌丝。

（3）虱和毛虱病：虽然症状与螨病相似，但皮肤炎症、落屑及形成痂皮程度较轻，容易在体表发现虱和毛虱。皮屑内找不到螨虫。

### （六）病料的送检

在患部皮肤与健康皮肤交界处刮取皮屑，送有关实验室检查，可确定螨虫的种类。

## 二、有效防治措施

### （一）预防

（1）每年定期对羊进行药浴。

（2）加强检疫工作，对新引入的羊应隔离检查，确认正常后方可混群。

（3）保持圈舍卫生，保持羊舍干燥和通风良好，并定期对羊舍和用具清扫和消毒。

（4）对怀疑有该病的羊只隔离饲养，并进行治疗。

### （二）治疗

（1）伊维菌素或阿维菌素：注射剂以 0.3 毫克/千克体重剂量一次皮下注射，对疥螨的杀灭作用几乎可达100%。

（2）螨净：用水配制浓度为 0.025% 的杀虫液，进行喷雾或药浴。

（3）溴氰菊酯：用水配成 0.005%的杀虫液，进行喷雾或药浴。

# 第十三节　羊虱虫病

由羊虱寄生于羊的体表引起的一种慢性皮肤病。

## 一、诊断技术

### （一）了解病原特征

寄生在羊体上的虱分为两类，吸血虱嘴细长而尖，具吸血口器，可刺入羊体皮肤，吸吮血液。食毛虱嘴硬而扁阔，有咀嚼器专食羊体的表皮组织、皮肤分泌物及毛、绒等。

### （二）辨明症状

皮肤发痒，精神不安，常用嘴咬或蹄患部，并靠近墙角或木柱擦痒，造成皮肤损伤，可能继发细菌感染或伤口蛆症。寄生羊虱久者，患羊毛粗乱易断或脱落，患部皮肤变粗糙起皮屑。因影响羊的采食和休息，长期可引起消瘦、贫血、抵抗力下降，并引发其他疾病，造成死亡。

### （三）临床诊断要领

在病羊体表发现虱和虱卵即可确诊。

(四) 病料的送检

必要时可将收集的虱和虱卵送有关实验室进行种类鉴定。

## 二、有效防治措施

(一) 预防

加强饲养管理，保持羊舍清洁、干燥、透光和通风；对羊群要定期检查，及时发现、及时隔离治疗，防止蔓延；对新引进的家畜应先作检疫和治疗。

(二) 治疗

(1) 溴氰菊酯：用水配成0.005%的杀虫液，进行喷雾或药浴。

(2) 敌百虫：用0.1%敌百虫溶液涂擦羊的体表。

(3) 杀虫脒：用0.1%~0.2%的杀虫脒溶液，或局部涂擦，或喷洒，或进行药浴。

后两种药物使用涂擦方法主要用于冬天的寒冷季节。

# 第十四节　羊的蜱害

蜱类属节肢动物门蜱螨亚纲，蜱目，蜱总科。这个总科分为三个科，即硬蜱科、软蜱科和纳蜱科，其中最常见且对家畜危害最大的为硬蜱科，俗称“草爬子”或“草瘪虫”。对羊危害较严重的蜱涉及有五个属：革蜱属、血蜱属、璃眼蜱属、扇头蜱属和硬蜱属，因为它们除通过直接吸血造成羊的瘙痒、皮炎、贫血、消瘦外，大多还可传播羊的巴贝斯虫病、泰勒虫病和无浆体病。

## 一、诊断技术

(一) 了解病原特征

因蜱的成虫外形与“蜘蛛”相似，故归属于蜘蛛纲。人们通常在羊体表注意到的大多是饥饿成虫、半饱血雌虫和饱血雌虫。蜱的饥饿成虫呈长椭圆形，背腹扁平，腹面有四对足，其大小及微细结构由于种属的不同而各异。未吸血的成虫如芝麻粒大小，而吸饱血的雌虫可大如蓖麻子。

## （二）掌握流行病学特点

蜱是不完全变态的节肢动物，其发育过程包括卵、幼虫、若虫和成虫四个阶段。硬蜱的活动有明显的季节性，大多数在春季开始活动，如森林革蜱、草原革蜱、长角血蜱等；也有些种类到夏季才有成虫出现，如残缘璃眼蜱。硬蜱的活动一般在白天，但活动规律因种类不同而各异，如：全沟硬蜱有12点至午后2点和下午6—8点两个活动高峰，草原革蜱在中午气温升高时最为活跃。

在牧民中有这样一种说法：在羊体吸血的“草爬子”不用去管它，待羊吃上青草后便会自然死去。其实际情况是人们在羊体上发现蜱时，正是蜱的雌虫在羊体上吸血的过程，待青草出来时（4—5月），蜱吸饱血脱落而落地（并非死亡），产卵后可孵育出成千上万的幼虫，可再次危害羊群。因而，人们应在发现蜱在羊体上吸血时便将它们杀灭。

## （三）熟悉生活史

硬蜱的发育需要经过卵、幼蜱、若蜱及成蜱四个阶段，为不完全变态发育。典型的蜱生活史包括1个非活动期（卵期）和3个可以活动的吸血时期（幼蜱、若蜱和成蜱），并且其生活史根据更换宿主和蜕皮的次数不同分为3种类型：一宿主、二宿主、三宿主型。如果蜱类在两次蜕皮期间一直在宿主身上则被称为一宿主蜱。二宿主蜱需停留在宿主上直到蜕化成若蜱，若蜱饱血后脱离宿主，在外界蜕皮，然后再寻找新的宿主。在三宿主蜱的生活史中，幼蜱和若蜱饱血后都要离开宿主蜕皮，蜕皮后再寻找新的宿主。有些蜱在每个发育期倾向于选择相同的宿主种类；其他蜱在不同发育期则偏爱多种宿主。所有硬蜱在胚后期都是专性暂时吸血的体外寄生虫，并且需要吸食血液才能促进发育。卵在适宜条件下孵出幼蜱，幼蜱吸血后蜕皮为若蜱，若蜱吸血后蜕皮为成蜱，雌性成蜱饱血后产卵。实验条件下完成整个生活史一般3~5个月，自然条件下几个月至数年。

（四）辨明主要症状

当羊只受到蜱侵害时剧痒、不安，并局部组织水肿、出血、皮肤增厚。当大量虫体长期寄生时可引起家畜体质衰弱、发育不良、贫血、产乳量下降；大量寄生于后肢时，可引起后肢麻痹；在羊的巴贝斯虫、泰勒虫和无浆体病的疫区，常引起严重的血液原虫病。

（五）临床诊断要领

在羊体表发现蜱的幼虫、若虫或成虫即可确诊。

（六）病料的送检

自羊的体表采集蜱的幼虫、若虫和成虫（包括雄蜱和雌蜱），送有关实验室进行蜱的种类鉴定。

## 二、有效防治措施

由于硬蜱的宿主种类繁多，分布区域广泛，所以在防制方面，须以对各种硬蜱的生活习性、发育规律和季节性的消长动态等的了解为基础，才能制定出有效的综合防制措施。

1. 消灭羊体上的蜱

通过人工捕捉、药物涂抹、喷雾或药浴的方法消灭羊体上的蜱。药物涂抹可选用0.25%的倍硫磷，药浴可选用0.0025%的溴氰菊酯、0.006%的氯氰菊酯（杀死蜱）等。

2. 消灭畜舍内的蜱

某些蜱，如残缘璃眼蜱，栖息在圈舍的墙壁、地面、饲槽等缝隙中，可选用上述药物对缝隙进行喷洒或粉刷后，再用水泥、石灰堵塞缝隙。

3. 消灭自然界的蜱

根据具体情况进行轮牧，相隔1~2年后，牧场上的成虫数量会大大减少；也可在严格监督下进行烧荒，破坏蜱的滋生地。

# 第三章

# 羊的常见普通病

## 第一节　内科病

### 一、瘤胃积食

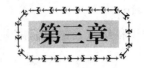

瘤胃积食又称急性瘤胃扩张，亦称瘤胃阻塞。是反刍动物贪食大量饲料引起瘤胃扩张，内容物停滞和阻塞以及整个前胃机能障碍，形成脱水和毒血症的一种严重疾病。为羊最易发生的疾病，尤以舍饲情况下最为多见。山羊比绵羊多发，年老母羊较易发病。

（一）诊断技术

1. 查清病因

（1）贪食大量富含粗纤维、不易消化的饲料，如豆秸、山芋藤、老苜蓿、花生蔓、紫云英、谷草、稻草、麦秸、甘薯蔓等，缺乏饮水，难于消化所致。过食麸皮、棉籽饼、酒糟、豆渣等，也能引起瘤胃积食。

（2）长期舍饲的羊，运动不足，当突然变换可口的饲料，常常造成采食过多，或者由放牧转舍饲，采食难于消化的干枯饲料而发病。

（3）当饲养管理和环境卫生条件不良时，奶山羊与肉羊容易受到各种不利因素的刺激和影响，如过度紧张、运动不足、过于肥胖或因中毒与感染等，产生应激反应，也能引起瘤胃积食。

（4）在前胃弛缓、创伤性网胃腹膜炎、瓣胃秘结以及皱胃阻塞等病程中，也常常继发瘤胃积食。

（5）过食谷物饲料，导致机体酸中毒，亦可视为瘤胃积食的病理过程。

2. 辨明症状

瘤胃积食的特征一般都是瘤胃充满而坚实，但症状表现的程度，根据病因与胃内容物分解毒物被吸收的轻重而有不同。常在饱食后数小时内发病，病羊精神委顿，食欲不振，严重时食欲废绝，四肢紧靠腹部、背拱起、眼无神。间有腹痛症状，如用后蹄踢腹部，头向左后弯，卧下又起立等等。病羊大都卧于右边，动作时发出呻吟声。左腹肋膨胀，瘤胃的收缩力降低，频率减少，触诊时或软或硬，有时如面团，用指一压，即呈一凹陷，因有痛感，故常躲闪。常有便秘，排泄物稍干而硬。体温正常，脉搏及呼吸数因胀气的程度而异。大多数羊的反刍停止，步态蹒跚。亦可能发生轻度下痢或顽固性便秘。

3. 临床诊断要领

根据病史和临床症状可以确诊。

## （二）有效防治措施

1. 预防

因本病主要是由于饲养管理不当引起，所以在预防上主要应从饲养管理上着手，加强饲养管理。① 防止突然变换饲料和过食，避免大量给予纤维干硬而不易消化的饲料，对可口喜吃的精料要限制给量。② 冬季由放牧转为舍饲时，应给予充足的饮水，并应创造条件供给温水。尤其是饱食以后不要给大量冷水。③ 避免外界各种不良因素的刺激和影响。

2. 治疗

治疗原则是增强瘤胃蠕动机能，促进瘤胃内容物排出，调整与改善瘤胃内生物学环境，防止脱水与自体中毒。

(1) 一般病例，绝食1~2天，不限制饮水，增加运动，并进行瘤胃按摩，每次5~10分钟，每隔30分钟一次，以刺激其收缩。

(2) 药物治疗：主要在于兴奋瘤胃，使其恢复活动。故应内服苦味健胃药，亦可用酒石酸锑钾0.5~0.8克，溶于大量水中灌服，每天1次。或者用10%浓盐水60毫升静注。或用促反刍注射液200毫升静注。禁止用泻药，因这样可以引起腹痛，妨碍粪便排出，如果要用泻药，以石蜡油为最好，每日服1~2次，每次300~500毫升。应用泻剂后，可皮下注射毛果芸香碱或新斯的明，以兴奋前胃神经，促进瘤胃内容物运转与排出。在病程中，为了抑制乳酸的产生，应及时内服青霉素或土霉素，间隔12小时投药一次。继发瘤胃臌气时，应及时穿刺放气，并内服鱼石脂等制酵剂，以缓解病情。

常用的处方如下。

① 龙胆酊10毫升，橙皮酊10毫升，木别酊7毫升，水加至200毫升，一次灌服，每日两次。② 龙胆末15克，大黄末15克，人工盐50克，复合维生素B 50片，小苏打15克，混合，分2次灌服，一日用完。③ 健胃散：陈皮9克，积实9克，积壳6克，神曲9克，厚朴6克，山楂9克，萝卜子9克，水煎，去渣灌服。④ 加味大承气汤：大黄9克，积实6克，厚朴6克，芒硝12克，神曲9克，山楂9克，麦芽6克，陈皮9克，草果6克，槟榔6克，水煎，去渣灌服。

如有轻度胀气，可用下列处方：鱼石脂4克，酒精20毫升，茴香醚10毫升，橙皮酊10毫升，水加至200毫升，一次灌服。

(3) 对危重病例，当认为使用药物治疗效果不佳，且病畜体况尚好时，应及早施行瘤胃切开术，取出内容物，并用1%温食盐水冲洗。必要时，接种健畜瘤胃液。

(4) 灌服健康羊的瘤胃液体，疗效较好。

(5) 在恢复期间，应限制饲料给量，而且饲料应带有轻泻性质、直到完全恢复为止。病的恢复期通常为4~5天。

## 二、瘤胃臌气（肚胀）

瘤胃臌气是采食了大量容易发酵的饲料，在瘤胃内微生物的作用下，异常发酵，产生大量气体，致使瘤胃体积迅速增大，过度膨胀并出现嗳气障碍为特征的一种疾病。常发生于春、夏季，绵羊和山羊均可患病。本病可分为原发性瘤胃臌气（泡沫性臌气）和继发性瘤胃臌气（非泡沫性或自由气体性臌气）两种。

### （一）诊断技术

1. 查清病因

（1）原发性瘤胃臌气：主要是所食牧草中含有生泡沫性物质，如皂苷、果胶、半纤维素，特别是可溶性叶蛋白，使瘤胃发酵气体生成大量稳定的泡沫并与瘤胃内容物混合在一起，不能通过嗳气被排出，导致瘤胃臌胀。此外，采食较多粉碎过细的谷物饲料，可引起瘤胃 pH 下降，适合于带荚膜的细菌生长时，细菌可产生稳定泡沫的细胞外多糖黏液，以及唾液分泌机能不全，也在原发性瘤胃臌气中起重要作用。在这些因素的配合下，臌气可一触即发。在实践中，本病多见于下列情况。① 吃了大量容易发酵的饲料最危险的是各种蝶形花科植物，如车轴草、苜蓿及其他豆科植物，尤其是在开花以前。初春放牧于青草茂盛的牧场，或多食萎干青草、粉碎过细的精料、发霉腐败的马铃薯、红萝卜及山芋类都容易发病。② 吃了雨后水草或露水未干的青草，冰冻饲料或蒿秆尤其是在夏季雨后清晨放牧时，易患此病。

（2）继发性瘤胃臌气：主要是由于前胃机能减弱，嗳气机能障碍。多见于前胃弛缓、食道阻塞、腹膜炎、气哽病等。

2. 辨明症状

（1）急性瘤胃臌胀，通常在采食不久发病。腹部迅速膨大，左肷窝明显突起，严重者高过背中线。反刍和嗳气停止，食欲废绝，发出吭声，表现不安，回顾腹部。腹壁紧张而有弹性，叩诊呈鼓音；瘤胃蠕动音初期增强，常伴发金属音，后减弱或消失。呼吸急促，甚至头颈伸展，张口呼吸。胃管检查：非泡沫性臌胀时，从胃管内排出大量酸臭的气体，臌胀明显减轻；而泡沫性臌胀时，仅排出少量气体，而不能解除臌胀。病的后期，心力衰竭，血液循环障碍，静脉怒张，呼吸困难，黏膜发绀；目光恐惧，出汗、间或肩背部皮下气肿、站立不稳，步态蹒跚甚至突然倒地，痉挛、抽搐。最终因窒息和心脏麻痹而死亡。病程常在1小时左右。

（2）慢性瘤胃臌胀，多为继发性瘤胃臌胀。瘤胃中度膨胀，常为间歇性反复发作。

3. 诊断要领

根据采食大量易发酵性饲料后发病的病史，腹部臌胀，左肷窝凸出，呼吸极度困难，较易诊断。

## （二）有效防治措施

1. 预防

此病大都与放牧不小心和饲养不当有关，因此为了预防臌气需要加强饲养管理，不让羊采食霉败和易发酵饲料，或雨后、霜露、冰冻的饲料。如果饲喂多汁易发酵的饲料，应定时定量，喂后切不要立即饮水。

2. 治疗

治疗原则是排出气体、理气消胀、强心补液、健胃消导、恢复瘤胃蠕动。

（1）病情较轻的病例，使病羊立于斜坡上，保持前高后低姿势，不断牵引其舌，同时按摩瘤胃，促进气体排出。可强迫喂给食盐颗粒25克左右，或者灌给植物油100毫升左右。也可以用酒、醋各50毫升，加温水适量灌服。

（2）剧烈气胀，可将羊的前腿提起，放在高处，给口内放以树枝或木捧，使口张开，同时有规律地按压左胁腹部，以排出胃内气体。若通过上述处理效果不显著时，采用以下方法，防止继续发酵。①福尔马林溶液或来苏儿2.0~5.0毫升，加水200~300毫升一次灌服。②松节油或鱼石脂5毫升或5克薄荷油3毫升，石蜡油80~100毫升加水适量灌服，若半小时以后效果不显著，可再灌服一次。

③从口中插入橡皮管，放出气体，同时由此管灌入油类60~90毫升。④灌服氧化镁：氧化镁是最容易中和酸类并吸收二氧化碳的药物，对治疗臌气的效果很好。其剂量根据羊的大小而定；一般小羊用4~6克，大羊为8~12克。⑤植物油（或石蜡油）100毫升，芳香亚酯10毫升，松节油（或鱼石脂）5毫升，酒精30毫升，一次灌服。或二甲基硅油0.5~1毫升，或2%聚合甲基硅香油25毫升，加水稀释，一次灌服。

（3）当药物治疗效果不显著时，病情非常严重，应迅速施行瘤胃穿刺术，防止窒息。放气后，为防止内容物发酵，宜用鱼石脂2~5克，酒精20~30毫升，常水150~200毫升，一次内服或从套管针内注入生石灰水或8%氧化镁溶液，或者2~5毫升稀盐酸，加水适量。此外在放气后，还可用0.25%普鲁卡因溶液5~10毫升将40万~80万单位青霉素稀释，注入瘤胃。

## 三、瘤胃酸中毒

瘤胃酸中毒，是瘤胃积食的一种特殊类型，又称急性碳水化合物过食、消化性酸中毒、乳酸酸中毒以及过食豆谷综合征等，是因采食了过多的富含碳水化合物的谷物饲料，而引起的瘤胃内容物异常发酵，产生大量乳酸后引起的急性乳酸中毒病，使瘤胃内正常菌群平衡受到破坏，导致瘤胃生物学消化功能降低的疾病。酸中毒可发生在断奶过早的绵羊，或者奶山羊。

### （一）诊断技术

1. 查清病因

引起瘤胃酸中毒的主要原因是精料或谷物保管不当被羊偷吃，或为了提高产奶量饲喂精料过多，或用霉败的玉米、豆类、小麦等大量饲喂引起发病，快速催肥羊时，以大量的谷物类日粮饲喂，缺乏一个适应期，常引起本病的暴发。

2. 辨明症状

一般在摄食谷物饲料后4~8小时发病，病发展很快，病羊精神沉郁，食欲和反刍废绝，触诊瘤胃胀软，体温升高或正常，心跳加快，眼球下陷，血液黏稠，尿量减少，腹泻或排粪很少，有的出现蹄叶炎而跛行。随着病情的发展，病羊极度痛苦、呻吟，卧地昏迷而死亡。急性病例，常于4~6小时死亡；轻型病例可耐过，如病期延长亦多死亡。

3. 临床诊断要领

主要依据有无过食或偷食富含碳水化合物饲料的病史，结合前胃消化机能障碍、瘤胃充满稀软内容物、脱水等临床症状及瘤胃液pH值降低，血浆二氧化碳结合力降低和血液乳酸升高等特征即可确诊。

### （二）有效防治措施

1. 预防

（1）避免绵羊意外地得到接近过量的谷物和其他的发酸饲料的机会。

（2）选入围栏育肥场适应了粗饲料的羔羊，日粮应逐渐地、分阶段地由低比例的精料变为高比例的精料，饲料转换最少应该用7~10天的时间。

（3）精料内添加缓冲剂和制酸剂，如碳酸氢钠、氢氧化镁或氧化镁等，使瘤胃内pH值保持在5.5以上。

（4）可在精料内添加抑制乳酸菌的一些抗生素，如拉沙力菌素、莫能菌素、硫肽菌素等。

2. 治疗

本病的治疗原则是：排出胃内容物，中和酸度，补充液体并结合其他对症疗法，应在本病的早期进行。用矿物油灌肠，以清理和排空瘤胃；用制酸剂减少瘤胃内容物的吸收；用碳酸氢盐溶液以恢复酸碱平衡。

（1）对于轻型病例，如羊相当机敏，能行走，无共济失调，有饮欲，脱水轻微，或者瘤胃pH值在5.5以上者，可投服氢氧化镁100克，或者稀释的石灰水1 000~2 000毫升，适当补液，一般24小时开始吃食。

（2）瘤胃冲洗疗法。这种疗法比瘤胃切开术方便，且疗效高，常被临床所采用。其方法是：用开口器开张口腔，再用胃管（内直径 1 厘米）经口腔插入胃内，排出瘤胃内容物，并用稀释后的石灰水 1 000~2 000毫升反复冲洗，直至胃液呈近中性为止，最后再灌入稀释后的石灰水 500~1 000毫升。同时全身补液并输注 5%碳酸氢钠溶液。

（3）瘤胃切开术疗法。当瘤胃内容物很多，且导胃无法排出时，可采用瘤胃切开术。将内容物用石灰水（生石灰 500 克，加水 5 000 毫升，充分搅拌，取上清液加 1~2 倍清水稀释后备用）冲洗、排出。术后用 5%葡萄糖生理盐水 1 000毫升，5%碳酸氢钠 200 毫升，10%安钠咖 5 毫升，混合一次静脉注射。补液量应根据脱水程度而定，必要时一日数次补液。

（4）为了控制和消除炎症，可注射抗生素，如青霉素、链霉素、四环素或庆大霉素等。

## 四、前胃弛缓

前胃弛缓，中兽医学是指脾胃虚弱，现代医学认为，前胃弛缓是前胃神经的兴奋性降低、收缩力减弱的疾病。临床上是以食欲减少，前胃蠕动减弱，缺乏反刍和嗳气为主要特征的疾病。根据发病经过，本病可分为急性、慢性前胃弛缓；根据发病原因可分为原发性和继发性前胃弛缓，继发性前胃弛缓的发病率在临床上要高于原发性前胃弛缓，常发生于山羊，绵羊较少。在冬末春初饲料缺乏时最为常见。

### （一）诊断技术

1. 查清病因

（1）原发性前胃弛缓，即单纯性前胃弛缓，主要病因是饲养与管理不当。长期饲喂粗硬劣质难以消化的饲料，如甘薯蔓、豆秸等；长期饲用大量富含水分的酒糟、豆腐渣等；饲料的调制保管不当，内含泥沙，发霉腐烂、变质等；饲喂不定时定量、饥饱不均；产后血钙降低等都可使前胃神经的兴奋性降低及消化功能障碍，从而导致前胃弛缓的发生。

（2）继发性前胃弛缓，即复杂性前胃弛缓，瘤胃臌胀、积食、创伤性网胃炎、子宫炎、乳房炎等；某些寄生虫病，如肝片吸虫、血孢子虫病等；某些传染病，如结核病、布氏杆菌病等；某些代谢性疾病，如酮病、维生素 A 及维生素 $B_1$ 缺乏症等都可以导致此病发生。常继发于口炎、齿病、创伤性网胃腹膜炎、腹腔脏器粘连、瓣胃阻塞、皱胃阻塞、骨软症、酮病、乳房炎、子宫内膜炎、梨形虫病和锥虫病等疾病。

2. 辨明症状

（1）急性型：病畜食欲减退或废绝，反刍减少、短促、无力，时而嗳气并带酸臭味；奶山羊泌乳量下降；瘤胃蠕动音减弱，蠕动次数减少；触诊瘤胃，其内容物黏硬或呈粥状。病初粪便变化不大，随后粪便变为干硬、色暗，被覆黏液。如果伴发前胃炎或酸中毒时，病情急剧恶化，呻吟、磨牙，食欲废绝，反刍停止。实验室检查，瘤胃液 pH 值为 5.5～6.5，纤毛虫活性降低，血浆二氧化碳结合力降低。

（2）慢性型：通常由急性型前胃弛缓转变而来。病畜食欲不定，需要验证；常常虚嚼、磨牙，发生异嗜，舔砖、吃土或采食被粪尿污染的褥草、污物；反刍不规则，短促、无力或停止；嗳气减少、嗳出的气体带臭味。病情弛张，时而好转，时而恶化，日渐消瘦；被毛干枯、无光泽，皮肤干燥、弹性减退。瘤胃内容物 pH 值降低（5.0～6.0）。瘤胃纤毛虫活性降低，数量减少。血液学变化明显。急性弛缓，白细胞无变化，创伤性网胃炎白细胞总量增多，碱贮含量下降。

3. 临床诊断要领

原发性前胃弛缓可根据饲养管理失调和临床症状的变化进行诊断。

## （二）有效防治措施

1. 预防

奶羊和肉羊都应依据日粮标准饲喂，不可任意增加饲料用量或突然变更饲料；注意圈舍卫生和通风、保暖，做好预防接种工作。

2. 治疗

治疗原则是除去病因，立即停止饲喂发霉变质饲料等饲料。加强护理，增强前胃机能，改善瘤胃内环境，恢复正常微生物区系，防止脱水和自体中毒。

（1）应用“促反刍液”（5%葡萄糖生理盐水注射液50毫升，10%氯化钠注射液10毫升，5%氯化钙注射液20毫升，20%苯甲酸钠咖啡因注射液2.5毫升），一次静脉注射；并肌内注射维生素$B_1$。因过敏性因素或应激反应所致的前胃弛缓，在应用“促反刍液”的同时，肌内注射2%盐酸苯海拉明注射液5毫升。皮下注射新斯的明2~5毫克或毛果芸香碱5~10毫克，但对于病情重剧，心脏衰弱，老龄和妊娠母羊则禁止应用，以防虚脱和流产。

（2）对继发性前胃弛缓着重治疗原发病，并配合前胃弛缓的相关治疗，促进病情好转。

## 五、肠变位

肠变位是肠管的位置发生改变，同时伴发机械性肠腔闭塞，肠壁的血液循环也受到严重破坏，引起剧烈的腹痛。本病发病率很低，但死亡率很高。

肠变位通常包括肠套叠、肠扭转、肠缠结及肠箝闭4种，主要以肠套叠和肠扭转较为常见。肠套叠是某一部分肠管套叠在邻部肠腔内，多见于小肠，肠扭转是肠管沿其纵轴或以肠系膜基部为轴发生程度不同的扭转。肠管也可沿横轴发生折转，称为折叠。如小肠扭转、小肠系膜根部扭转、盲肠扭转或折叠、左侧大结肠扭转或折叠、小结肠扭转等。

### （一）诊断技术

1. 查清病因

常见的病因有羊只剧烈运动、猛烈跳跃使肠内压增高、肠管剧烈移动而造成，长时间饥饿而突然大量进食（特别是刺激性食物，如冰冷的饮水和饲料)，肠卡他、肠炎、肠内容物性状的改变，肠道寄生虫和全身麻醉状态等。

2. 辨明症状

病畜食欲废绝，口腔干燥，肠音微弱或消失，排恶臭稀粪，并混有黏液和血液。腹痛由间歇性腹痛迅速转为持续性剧烈腹痛，病畜极度不安，急起急卧，急剧滚转，仰卧抱胸，驱赶不起，即使用大剂量的镇痛药，腹痛症状也常无明显减轻或仅起到短暂的止痛作用；在疾病后期，腹痛变得持续而沉重。随疾病的发展，体温升高，出汗，肌肉震颤；脉率增快，可达100次/分钟以上，脉搏细弱或脉不感于手；呼吸急促，结膜暗红或发绀，四肢及耳鼻发凉。

3. 临床诊断要领

(1) 可根据病羊全身症状（体温升高，脉搏快而弱，黏膜发绀，脱水症状发展快）迅速恶化，持续剧烈腹痛，肠音减弱或消失，局部肌肉震颤，出汗等，作出初步的判断。

(2) 腹腔穿刺液检查：发生肠扭转时，腹腔中都可能积存一定量的渗出液，呈粉红色或红色。

(3) 血液学检查：血沉明显减慢。

### (二) 有效防治措施

原则上是镇痛和恢复肠道的正常位置，根据肠变位的程度，可及早地采取手术对变位的部位进行复位。在病的早期，手术疗效较佳，到后期，疗效较差。

为保证病畜的抗病能力，除应用镇痛剂以减轻疼痛刺激外，还应采取减压、补液、强心，服用新霉素或注射庆大霉素等抗菌药物，制止肠道菌群紊乱，减少内毒素生成，以维持血容量和血液循环功能，防止休克发生。严禁投服泻剂。

## 六、胃肠炎

羊胃肠炎是一种胃肠黏膜及其深层组织的出血性或坏死性炎症，伴发严重消化紊乱和自体中毒症状。临床上很多胃炎和肠炎往往相伴发生，故合称为胃肠炎。

## （一）诊断技术

1. 查清病因

（1）饲喂霉败饲料或不洁的饮水。

（2）采食了有毒植物，或误咽了酸、碱、砷、汞、铅、磷等有强烈刺激或腐蚀的化学物质。

（3）食入了尖锐的异物损伤胃肠黏膜后被链球菌、金黄色葡萄球菌等化脓菌感染，而导致胃肠炎的发生。

（4）畜舍阴暗潮湿，卫生条件差，气候骤变，车船运输，过劳，过度紧张，动物机体处于应激状态，容易受到致病因素侵害所引起。

（5）滥用抗生素，一方面细菌产生耐药性；另一发面在用药过程中造成肠道的菌群失调引起二重感染。

2. 辨明症状

（1）急性胃肠炎，病羊精神沉郁，食欲减退或废绝，口腔干燥，舌苔重，口臭；嗳气、反刍减少或停止。腹泻，腥臭，粪便中混有黏液。有不同程度的腹痛和肌肉震颤，肚腹蜷缩。病的初期，肠音增强，随后逐渐减弱甚至消失。此外病羊体温升高，心率增快，呼吸加快，眼结膜暗红或发绀，眼窝凹陷，皮肤弹性减退，血液浓稠，尿量减少。

（2）慢性胃肠炎，病羊精神不振，衰弱，食欲不定，时好时坏，挑食，异嗜，往往喜爱舔食沙土、墙壁和粪尿；便秘，或者便秘与腹泻交替，并有轻微腹痛，肠音不整；体温、脉搏、呼吸常无明显改变。

3. 临床诊断要领

根据全身症状，食欲紊乱，舌苔变化，以及粪便中含有病理性产物等，一般就可作出正确的诊断。

## （二）有效防治措施

1. 预防

搞好饲养管理工作，不用霉败饲料喂家畜，不让动物采食有毒物质和有刺激、腐蚀的化学物质；搞好羊群的定期预防接种和驱虫工作。

2. 治疗

治疗原则是消除炎症、清理胃肠、预防脱水、维护心脏功能，解除中毒，增强机体抵抗力。

（1）抑菌消炎：羊可内服诺氟沙星（10 毫克/千克），或庆大-小诺霉素（1~2 毫克/千克），环丙沙星（2.0~5 毫克/千克），乙基环丙沙星（2.5~3.5 毫克/千克）等抗菌药物。

（2）清理胃肠：在肠音弱，粪干、色暗或排粪迟缓，有大量黏液，气味腥臭者，为促进胃肠内容物排出，减轻自体中毒，应采取缓泻。常用液体石蜡（或植物油）100 毫升，鱼石脂 5 克，酒精 50 毫升，内服。

（3）当病羊粪稀如水，频泻不止，腥臭气不大，不带黏液时，应止泻。可用药用炭 10~25 克加适量常水，内服；或者用鞣酸蛋白 2~5 克、碳酸氢钠 5~8 克，加水适量，内服。

（4）加强护理：搞好畜舍卫生。当病羊 4~5 天未吃食物时，可灌炒面糊或小米汤、麸皮大米粥；开始采食时，应给予易消化的饲草、饲料和清洁饮水，然后逐渐转为正常饲养。

## 七、羔羊肠痉挛

肠痉挛又称肠痛、卡他性肠痛、卡他性肠痉挛，是因受寒等不良因素的刺激，使肠平滑肌发生痉挛性收缩，出现间歇性疼痛。该病多发生于羔羊哺乳期。

### （一）诊断技术

1. 查清病因

寒冷刺激是该病发生的主要原因。肠痉挛多因气温和湿度的剧烈变化、风雪侵袭、汗后淋雨、寒夜露宿、暴饮冷水、采食霜冻或发霉、腐败的草料等而引起。此外消化不良、胃肠的炎症、肠道溃疡或肠道内寄生虫及其毒素等都是不可忽视的内在致病因素。

2. 辨明症状

（1）间歇性的腹痛是肠痉挛的特征。腹痛发作时，病羊表现前肢刨地，后肢踢腹，回顾腹部，起卧不安，卧地滚转，持续5~10分钟后，便进入间歇期。在间歇期，病羊外观上与健康羊无太大差别，安静站立，有的尚能采食和饮水。但经过10~30分钟，腹痛又发作，经5~10分钟后又进入腹痛间歇期。有的病羊，随着时间的推移，腹痛逐渐减轻，间歇期延长，常不药而愈。

（2）病羊除表现间歇性腹痛外，还有下列症状：病轻者，口腔湿润，口色正常或色淡；病重者，口色发白，口温偏低，耳鼻部发凉。除腹痛发作时呼吸急促外，体温、呼吸、脉搏变化不大。大、小肠音增强，连绵不断，有时在数步之外都可听到高朗的肠音，偶而出现金属音，随肠音增强，排粪次数也相应增加，粪便很快由干变稀，但其量逐渐减少。

3. 临床诊断要领

根据病因和症状不难做出诊断。

## （二）有效防治措施

1. 预防

本病主要是因受寒冷刺激引起，注意保暖，加强母羊的饲养管理，应防止羔羊采食品质不良的饲料，禁止用酸败、发霉、冰凉的饲料饲喂羔羊。

2. 治疗

原则是解除肠痉挛，清肠止酵。

（1）解痉镇痛：本病有时腹痛剧烈，可皮下注射30%安乃近注射液或静脉注射安溴注射液；也可静脉注射5%水合氯醛酒精注射液，或者肌内注射盐酸消旋山莨菪碱注射液，用量应参照药物说明书。这些药物的疗效都很显著，一般情况一剂即可治愈。

（2）清肠止酵：可用水合氯醛3克，樟脑粉3克，植物油（或液体石蜡）200毫升，内服，或者用人工盐30克，芳香氨醑10毫升，陈皮酊15毫升，水合氯醛3克，加水溶解，内服。也可用人工盐 30 克，鱼石脂 3 克、酒精 50 毫升，加水溶解，内服。

## 八、羔羊消化不良

本病是初生羔羊在哺乳期的常发疾病，羔羊的消化器官尚未达到充分发育，最容易发生消化不良。以出现异嗜、食欲减退或不定期下痢等为主要特征。这些消化机能的紊乱会降低机体的防御机能，故时间一长，便会引起肝脏、心脏、泌尿和呼吸器官陷于病理状态，而发生不良的后果。根据疾病经过和严重程度的不同，可以区分为单纯性消化不良和中毒性消化不良。

### （一）诊断技术

1. 查清病因

本病因受寒、卫生条件差等，母羊在怀孕期间营养不足；饲养管理粗放，特别是妊娠后期，饲料中营养物质不足，缺乏蛋白质、矿物质和维生素等，直接影响胎儿的生长发育和母乳的质量，或由于羔羊的消化器官尚未达到充分发育而引起的。中毒性消化不良，多由单纯性消化不良治疗不及时转化而来。

2. 辨明症状

单纯性消化不良：体温正常或稍低，轻微腹泻，粪便变稀。随着时间的延长，粪便变成灰黄色或灰绿色，其中混有气泡和黄白色的凝乳块，气味酸臭。肠间音响亮，腹胀，腹痛。心音亢进，心跳和呼吸加快。腹泻不止，严重时脱水，皮肤弹性降低，被毛无光。眼球塌陷，站立不稳，全身颤动。中毒性消化不良：病羔精神极度沉郁，眼光无神，食欲废绝，衰弱，躺地不起，头颈后仰。体温升高，全身震颤或痉挛。严重时腹泻，粪中混有黏液和血液，气味腐臭，肛门松弛，排粪失禁。眼球塌陷，皮肤无弹性。心音变弱，节律不齐，脉搏细弱，呼吸浅表。发病后期体温下降。四肢及耳冰凉，直至昏迷而死亡。本病常可转为胃肠炎，而使症状恶化，体温可升高至 40~41℃。

3. 临床诊断要领

根据患病羊的年龄和临床表现一般可作出诊断。

## （二）有效防治措施

1. 预防

加强对孕羊和羔羊的饲养管理，改善卫生条件，使用药物维护心脏、血管机能，抑菌消炎，防止酸中毒，抑制胃肠的发酵和腐败，补充水分和电解质，饲喂青干草和胡萝卜。

2. 治疗

（1）首先隔离病羔，给予合理的饲养与护理。如为发酵性下痢，应除去富含醣类的饲料；若为腐败性下痢，应除去蛋白质饲料，而改给富含醣类的饲料。

（2）为了减少对胃肠黏膜的刺激和排出异常产物，将病羊置于温暖干燥处禁食 8～10 小时，只给以生理盐水、茶水或葡萄糖盐水，每日 3～4 次，每次 100 毫升左右。温度应和体温相当。

（3）对于较轻的病例，根据情况可内服盐类或油类泻剂，同时用温水灌肠。

（4）服用助消化药，如：乳酶生或蛋白酶，每次 2～4 克，每天 3 次；或食母生、碳酸氢钠、维生素 $B_1$ 2～4 克，用温水适量调服。

（5）对严重病例，为了防止肠道感染，对中毒性消化不良的羔羊，可选用抗生素药物进行治疗。以每千克体重计算，链霉素 20 万单位，新霉素 25 万单位，卡那霉素 50 毫克，任选其中一种灌服，抑制肠道细菌的发育繁殖和防止中毒，同时加用收敛保护药物。

（6）对体弱长期消化不良而习惯性拉稀的，输血治疗有较好效果。可取母血 30～50 毫升，输给羔羊。

# 九、羊的腹泻

羊的腹泻主要是因为羊只吃下了难以消化的饲料或者羔羊吃乳过量而引起的胃肠机能紊乱的一种腹泻症。

## （一）诊断技术

1. 查清病因

因气温和湿度的剧烈变化、风雪侵袭、汗后淋雨、寒夜露宿、暴饮冷水、采食霜冻或发霉、腐败的草料，或采食多量的含水过多的青绿饲料常引发此病。羔羊吃乳过多，含蛋白质过高乳汁或突然剧烈奔跑之后也可引起此病。另外，缺乏微量元素，钙磷比例失调等均可导致腹泻。

2. 辨明症状

（1）羔羊腹泻：病初羔羊精神萎靡，不吃奶，腹壁紧张，触摸有痛感，继而发生粥状或水样腹泻，排泻物起初呈黄色，然后转为淡灰白色，含有乳凝块，严重时混有血液；排粪时表现痛苦和里急后重；病羔全身衰弱，精神委顿，食欲废绝，久卧不起，常因脱水而引起死亡。

（2）成年羊腹泻：排出黄绿色或黑色稀软粪便。严重者粪便呈水样或粥样，臭味或恶臭味，并有黏液。可能继发肠型大肠杆菌或肠道炎症而导致严重脱水或自体中毒，全身恶化而死亡。

3. 临床诊断要领

腹泻一般发生于饮食条件改变，一次采食量过多或饲喂了劣质饲料而致。大多数情况下无明显的全身症状，根据临床症状即可作出诊断，但要注意与某些传染病和寄生虫病引起的腹泻症相鉴别。

## （二）有效防治措施

1. 预防

主要是注意饲养管理，常保持圈舍卫生和饮喂用具卫生。饮喂应定时定量，春冬寒冷季节要让圈舍保持一定的温度，舍饲羊只要适当运动和阳光照射，同时，注意饲喂全价饲料。

2. 治疗

病羊病情较轻者，只要改善饲喂的草料品质，改善舍饲环境，不治即可自愈。人工舍饲的羔羊应停奶，并于24小时灌服电解质溶液，然后再逐渐喂奶。如果该病继发有肠道炎症，应参照胃肠炎的疗法，口服或注射抗菌药。

## 十、羊肠便秘

羊肠便秘是指羊粪便排出困难的疾病，该病主要是由于饲养管理不善，导致肠管蠕动减弱，分泌减少，肠管弛缓，内容物停滞在肠道，造成肠道阻塞而发病。山羊和绵羊均可发生本病，但绵羊比山羊多见；山羊羔中以人工哺乳者比较容易发生。

### （一）诊断技术

1. 病因

多因饲养管理不当而引起。初生羔羊未得初乳或哺乳过多；吃干草多而饮水不足，如冬季由放牧转为舍饲的初期，常由于水缸结冰及温水供应不足而容易发生；日粮中含有大量谷物；缺乏运动，特别是怀孕的羊容易发生；高热疾病引起胃肠蠕动减弱等因素均可成为本病的发病原因。

2. 辨明症状

病初有轻微腹痛，但可呈持续性发展；表现精神不振或沉郁，食欲、反刍减少或停止，有时有排粪动作，但不见粪便排出。出生羔羊患病时，时常伏卧，后腿伸直，痛苦哀叫。有时显示起卧不安状态。成年羊发病时，最主要的症状是做伸腰动作，严重者面部表情忧郁、离群、不食、常回首腹部、起卧不宁或者毫无方向地游走。

3. 临床诊断要领

根据临床症状即可作出诊断，但某些热性传染病经常伴有肠便秘的发生，应注意进行区分。

### （二）有效防治措施

1. 预防

人工哺乳仔山羊时，务必做到定时定量；羊只在冬季由放牧转为舍饲期间，一定要供应充足的饮水，并使其保持一定的运动量，尤其在转为舍饲的初期，更应该特别注意。

2. 治疗

早期可以应用镇痛剂，随后做通便、补液和强心治疗。具体的疗法如下。

(1) 给温盐水任其自由饮用，或重症者用稀薄温暖的肥皂水灌肠。若无灌肠器，可用一段橡皮管，一头连一个漏斗，另一头插入病羊的肛门，徐徐灌入准备好的肥皂水，灌入量不限。当羊努责时，任其自由流出，然后再反复灌入。

(2) 灌肠以后，假如不能治愈，可再给以泻盐 80~100 克或石蜡油 150~180 毫升。

(3) 给予容易消化的调养性饲料，如水分多的绿色饲料。

(4) 中药疗法：大黄 12 克，芒硝 15 克，枳实 6 克，厚朴 6 克，麻仁 30 克，神曲 15 克，水煎服，或为末开水冲服。

## 十一、口炎

口炎是口腔黏膜炎症的总称，主要是口腔黏膜表层或深层发生的炎症。病羊表现采食和咀嚼困难，临床上以卡他性的比较多见。

### （一）诊断技术

1. 查清病因

非传染性病因：包括机械性和化学性损伤。由于各种原因造成口腔黏膜损伤，如采食粗糙坚硬的草料、异物或者秸秆刺伤口腔等，或者人工哺乳时奶温过高，灌服未冷却的药液以及刺激性强的化学药品等。

传染性病因：包括病毒性、细菌性传染病过程中继发或伴发口炎，如羊口疮、坏死杆菌病、口蹄疫、羊痘等均可发生口炎症状。

2. 辨明症状

口腔黏膜因发炎而表现充血、肿胀、出血和溃疡（主要在齿龈和舌根），甚至糜烂；口腔温度增高。炎性产物、脱落的上皮细胞及残存在口腔中的饲料腐败时，口内有腐臭味。原发性口炎一般无全身症状。但如果治疗不及时，使病程拖延，病羊因长期采食障碍，日渐消瘦、泌乳量下降；羔羊则出现生长发育不良等全身症状。

3. 临床诊断要领

根据食欲降低，口内流涎，咀嚼缓慢或想吃而不敢吃，常从口角流出混有黏液的饲料，有时吐草；严重时打开口腔有臭味等症状，一般可以作出诊断。但要注意与口蹄疫、羊痘等传染病的鉴别诊断。

### （二）有效防治措施

1. 预防

注意饲料质量与卫生、合理调配；及时修整病齿，防止对口腔黏膜的器械损伤；避免经口投服刺激性药物；防止羊误食毒物和发霉腐败的饲料。须用有刺激性的药物（如水合氯醛）时，可加黏浆剂后用胃管投服。

2. 治疗

（1）对卡他性口炎，加强护理，消除发病原因，喂给柔软无刺激性的饲料，如青草、软干草、米粥及麸粥，并勤饮干净水；不能采食的可用胃管灌豆浆或小米粥。

（2）症状较轻的可用1%食盐水，或2%~3%硼酸液；或2%~3%碳酸氢钠液，一日数次冲洗口腔。口腔恶臭时，可用0.1%高锰酸钾液冲洗。唾液分泌旺盛，可用1%明矾液或1%鞣酸液洗口。如口腔黏膜及舌面发生烂斑或溃疡，口腔洗涤后，在溃疡面上涂布碘甘油（5%碘酊1毫升、甘油9毫升）或涂布1%磺胺甘油乳剂，每日1~2次。

（3）对较严重的口炎，应用磺胺明矾合剂（长效磺胺10克，明矾2~3克），装于布袋内，衔在病羊口中，每日更换1次，效果良好。

（4）中药疗法　口舌肿胀，口温增高、口色发红、脉象洪数、口流黏涎时，可口衔“青黛散”，有清心火、消肿胀、清凉止痛之功能。

## 十二、创伤性网胃腹膜炎

创伤性网胃腹膜炎是指网胃被尖锐的异物刺伤穿孔，引起网胃和腹膜炎的炎症。异物向前经网胃刺伤膈时，称为创伤性网胃–膈炎，如果向前刺到心包，称为创伤性心包炎，刺伤肺、肝、脾等脏器的情况比较少见，刺伤后并同时引起相应器官的炎症。其临床特征为急性或慢性前胃弛缓、瘤胃间歇性臌气。本病见于奶山羊，偶尔发生于绵羊。

## （一）诊断技术

### 1. 查清病因

主要是由于尖锐金属异物（如铁丝、锐铁片等）混入饲草被羊误食而发病。尖锐异物随着网胃收缩可刺伤或刺破胃壁而发生网胃腹膜炎；当经横膈膜刺入心包可发生创伤性心包炎；当穿透网胃壁时，可损伤肝、脾等引起腹膜炎及各部位的化脓性炎症。

### 2. 辨明症状

病羊精神沉郁，食欲减少，反刍缓慢或停止，行动谨慎；表现疼痛、拱背、不愿急转弯或走下坡路，前胃弛缓，慢性瘤胃臌气，肘肌外展以及肘肌颤动。用手冲击触诊网胃区，或用拳头顶压剑状软骨区时，病羊表现疼痛、呻吟、躲闪。

### 3. 临床诊断要领

在饲养制度无改变的情况下，突然发病，出现急性前胃弛缓、瘤胃积食，甚至伴发轻度鼓气，同时具有疼痛的症状，如运动小心缓慢、肘肌外展、肘肌群颤抖、网胃和膈区敏感试验阳性等，根据临床症状和病史，结合金属探测仪及 X 光透视检查，即可确诊。

## （二）有效防治措施

### 1. 预防

加强饲养管理，管理人员不可将铁丝、铁钉、缝针、注射针头或其他金属异物随地乱扔，以防混入饲草。严禁在牧场或羊舍堆放铁器，及时清除饲草中异物，可在草料加工设备中安装磁铁，以清除铁器。

### 2. 治疗

（1）保守疗法。① 病的初期，停止活动和放牧，减少饲草喂量，降低腹腔脏器对网胃的压力。可肌内注射青霉素80万单位、链霉素0.5克，每天2次，连用1周。亦可用磺胺嘧啶5~8克、碳酸氢钠5克，加水一次内服，每天1次，连用1周以上。② 绝食数天，保证饮水，垫高病羊前躯所占的床位；内服缓泻剂如液体石蜡等，促使前胃内容物向后移动排出，伴发瘤胃臌气时可以投服止酵剂；应用抗生素或者磺胺类药物以消除炎症；必要的时候可以注射葡萄糖、维生素等营养物质；疼痛剧烈的时候可以酌情应用镇静、止痛药，如安乃近、安溴等。

（2）手术疗法：可行瘤胃切开术，取出异物。当网胃与膈或者腹膜发生粘连的时候，手术效果不好。

## 十三、食道阻塞

羊食道阻塞是由于食团或者异物突然阻塞食道，主要特征是吞咽障碍。根据阻塞程度，临床上分成两种类型，即不完全阻塞和完全阻塞。该病通常是由于采食过多块根类饲料，吞咽过急或者突然受到惊吓，导致食管被食物阻塞。病羊主要是出现吞咽障碍，无法正常进行嗳气，流涎、摇头，应采取有效的治疗措施。

### （一）诊断技术

1. 查清病因

一般由于羊只过于饥饿，吃得太急，而把饲料块根、洋芋、萝卜或未经咀嚼的干饲料阻塞在食管里。此外，还可继发于食管狭窄、食管麻痹和食管炎。

2. 辨明症状

突然停止采食，病羊口涎下滴，头向前伸，表现吞咽动作，精神紧张，极度不安。严重时，嘴可伸至地面。由于嗳气受到障碍，常常发生膨胀。若食道完全阻塞，水和唾液完全不能咽下，从鼻孔、口腔流出，在阻塞物上方部位可积存液体，触诊有波动感，多发生迅速增重的臌气。若不完全阻塞，液体可以通过食管而食物不能下咽，多伴有轻度臌气。

3. 临床诊断要领

病史常可提供可靠依据。如果阻塞发生在颈部，形成肿块，可以用手触摸出来，若发生于食管的胸段，只有用胃管探诊，才能作出诊断。

## （二）有效防治措施

1. 预防

平时应严格遵守饲养管理制度，避免羊只过于饥饿，而发生饥不择食和采食过急的现象，以至引起本病。

2. 治疗

（1）药物法。病羊发生不完全阻塞时，不管阻塞部位高低，都能够采取该法治疗。病羊通常可在颈部皮下注射 2 毫升盐酸山莨菪碱，5 毫升 3%普鲁卡因，注意要在食道阻塞处的周围采取分点注射，然后经由口腔灌入 50 毫升液体石蜡油，通常在用药的 1~2 小时内阻塞物就能够滑入胃中，如果经过 2 小时依旧没有滑下，则要配合推送法等进行治疗。

（2）如堵塞物位于颈部，可用手沿食管轻轻按摩，使其上行，以便从咽部取出。必要时可先注射少量阿托品以消除食道痉挛和逆蠕动，对施行这种手术极为有利。

（3）有经验的农、牧民或饲养员，常用一碗冷水猛然倒入羊耳内，使羊突然受惊，肌肉发生收缩，即可将堵塞物咽下。

（4）如堵塞物位于胸部食管，可先将 2%普鲁卡因溶液 5 毫升和石腊油 30 毫升，用胃管送至阻塞物位置，然后用硬质胃管推送阻塞物进入瘤胃。若不能成功，可先灌入油类，然后插入胃管，手捏住阻塞物上方，在打气加压的同时推动胃管，使哽塞物入胃，一般效果较好。但油类不可灌入太多，以免引起吸入性肺炎。

（5）胀气严重时，应及时用粗针头或套管针放气，防止发生死亡。

（6）在无希望取出或疏通时，需要施行外科手术将其取出。无价值施行手术时，宜及早屠宰作为肉用。

## 十四、感冒

感冒是由普通感冒病毒或流感病毒与某些呼吸性病原菌综合作用引起的一种以喷嚏、呛咳、眼鼻分泌物增多、呼吸困难等呼吸道症状为主及附近器官发生炎症的综合征，最容易发生于绵羊及乳用仔山羊。其诱发因素为：① 初春、秋冬季大幅降温时节或羊群所处生活环境长期温差波动过大时，容易诱发本病；② 病原对羊的呼吸黏膜具有高度亲和性，主要致病靶器官多为呼吸道上皮黏膜，偶见胃肠型感冒。

### （一）诊断技术

1. 查清病因

（1）由于受凉，尤其在天气湿冷和气候发生急剧变化时，最易患病。绵羊在剪毛或药浴以后，常因受凉而在短时间内发病。

（2）为呼吸系统其他器官患病（如喉炎、气管炎、肺炎、窦之疾病）时的临床症状。

（3）烟、灰尘（饲料、饲槽及山林中）、热空气、霉菌、狐尾草及大麦芒等，均可发生刺激而引起鼻卡他。奶用仔山羊的鼻卡他常在天热时呈流行性出现，主要是由于热空气的刺激，尤其当羊舍拥挤时，易发生。

（4）寄生虫的刺激：患羊蝇幼虫病时，常会显出鼻卡他的症状。

（5）发生于长距离运输之后。

2. 辨明症状

体温升高，浑身发抖；病羊精神不振，食欲减退；鼻子排出物增加，初为清液，以后变为黄色黏稠的鼻涕；常打喷嚏、擦鼻、摇头、发鼻呼吸音；小羊常磨牙，大羊常发出鼾声。鼻黏膜潮红肿胀，呼吸困难，常有咳嗽。疾病通常为急性，病程为 7~10 日。如果变为慢性，病程可以大为延长。

3. 临床诊断要点

根据症状一般可以作出诊断，但要注意与某些传染病、寄生虫病导致的呼吸系统疾病相鉴别。凡在适发条件（适发季节）下突然发病，且表现出病初高烧、明显上呼吸道症状（喷嚏、呛咳、眼鼻分泌物增多）、多数病羊具有自愈性、高度过敏体质羊只病死率较高等，再综合流行病学特点及剖解病理变化，即可确定为本病。

### （二）有效防治措施

1. 预防

注意天气变化，做好御寒保温工作。冬季羊舍的门窗、墙壁要封严，防止冷风侵袭；夏季要防止在大汗后遭风吹雨淋。

2. 治疗

（1）将病羊隔离，多给清水，喂以青苜蓿或其他青饲，防止继发喉炎及肺炎。

（2）给鼻腔应用收敛消炎剂：先用1%~2%明矾水冲洗鼻腔，然后滴入滴鼻净或下列滴鼻液：如1%麻黄素10.0毫升、青霉素20万单位、0.25%普鲁卡因40.0毫升。

（3）便秘时，可给予硫酸钠80~120克。

（4）病初应用复方奎宁波（巴苦能），羊5~10毫升（孕畜禁用）。

（5）中药可用“柴胡平胃散”：柴胡45克、黄芩45克、半夏18克、党参30克、苍术24克、陈皮30克、厚朴24克、赤苓21克、甘草15克，研为细末，开水冲调，候温1次灌服。

（6）复方黄芪多糖散（含黄芪多糖、人参皂苷、青蒿素、板蓝根、大青叶、鱼腥草提取物、

氟苯尼考、多西环素、免疫增效因子等），按0.2%~0.5%拌料添加，1~2剂/天，分早晚各投喂1剂，连喂3~5天，总体防治效果反应良好。

## 十五、急性支气管炎

支气管炎是支气管黏膜表层或深层的炎症，是羊常见的呼吸道疾病，多发生于冬春两季。根据病程可分为急性和慢性两种。表现为群

体发病，病羊出现畏寒，发热，体温升高，呼吸加快，慢食，咳嗽，鼻塞，喷嚏，咽部疼痛，鼻汗时有时无，叫声嘶哑，眼结膜充血，舌苔薄白等症状。听诊肺部出现干性或湿性啰音。人工诱咳呈阳性。治疗及时可痊愈，如治疗不及时，病羊可在窒息或衰竭状态中死亡。

## （一）诊断技术

1. 查清病因

主要是由于受寒感冒，降低了机体的抵抗力，为感染创造了适宜的条件；吸入含有刺激性的物质；液体或饲料的误咽，都是原发性支气管炎的原因。本病也可继发于喉、气管、肺的疾病或某些传染病（口蹄疫、羊痘等）与寄生虫病（肺丝虫）。

2. 辨明症状

病初有阵发性干、短并带疼痛的咳嗽，触压气管时则咳嗽更加频繁，随着支气管分泌物的增多，咳嗽减轻，但次数增多而呈湿性长咳，痛感也减轻，有时咳出痰液，同时鼻腔或口腔排出黏性或脓性分泌物。胸部听诊可听到啰音，病初为干啰音，后期为湿啰音。体温一般正常，有时升高 0.5～1℃，此时食欲稍减，反刍减少或停止，前胃弛缓，奶量下降。若炎症侵害范围扩大，可引起全身症状。

3. 临床诊断要点

结合临床症状，胸部听诊啰音的变化即可做出确诊。但要注意与某些传染病（如口蹄疫、羊痘等）及寄生虫病（如肺丝虫病）的鉴别。

## （二）有效防治措施

1. 预防

加强饲养管理，给病羊以多汁和营养丰富的饲料和清洁的饮水，圈舍要宽敞、清洁、通风透光、无贼风侵袭，排除致病因素，防止受寒感冒。

2. 治疗

（1）祛痰止喘，可口服氯化铵 1～2 克，吐酒石 0.2～0.5 克，碳酸铵 2～3 克。其他如吐根酊、远志酊、复方甘草合剂、杏仁水等均可应用。止喘可肌内注射3%盐酸麻黄素1~2毫升。

(2) 控制感染，以抗生素及磺胺类药物为主。可用10%磺胺嘧啶钠10~20毫升肌内注射，也可内服磺胺嘧啶，每千克体重0.1克(首次加倍)，每天2~3次，肌内注射青霉素20万~40万单位或链霉素50万~100万单位，每日2~3次，直至体温下降为止。

(3) 对圈舍及时消毒（常用0.1%新洁尔灭、2%~3%过氧乙酸进行带畜喷雾，喷雾粒子要求50~10微米，辐射1~2米。对饲槽、水槽等饲养用具可用3%~5%的来苏儿或0.2%过氧乙酸溶液浸泡消毒，金属用具和橡胶用品不可用过氧乙酸消毒)。病羊可用注射头孢噻呋钠0.1克、双黄连注射液0.2毫升，一次肌注，每天2次，连续注射2~3天。或用热毒血清（板蓝根注射液）0.2毫升、注射头孢噻呋钠0.1克肌内注射，一次肌注，每天注射2次，连续注射2~3天。病程较长、症状较重者，用5%葡萄糖500毫升，注射头孢噻呋钠0.5克，热毒血清（板蓝根注射液）10毫升，若心音弱者加安钠咖10毫升，混合一次静注，每天1次，均可收到满意的治疗效果。

(4) 可根据病情选用下列处方进行中药治疗。①杷叶散：主用于镇咳。杷叶6克，知母6克，贝母6克，冬花8克，桑皮8克，阿胶6克，杏仁7克，桔梗10克，葶房子5克，百合8克，百部6克，生草4克。煎汤，候温灌服。②紫苏散：止咳祛痰。紫苏、荆芥、前胡、防风、夜苓、桔梗、生姜各10~20克，麻黄5~7克，甘草6克。煎汤，候温灌服。③每只羊按淫羊藿30克、荆芥10克、前胡10克、桔梗12克、紫菀10克、百部10克、陈皮10克、法半夏10克、生姜10克、甘草10克，水煎取液胃管投服。

## 十六、小叶性肺炎

小叶性肺炎是一个或一群肺小叶的炎症，又称卡他性肺炎。卡他性肺炎是指在肺泡中充满了卡他性渗出物和白细胞、红细胞及脱落的上皮细胞，这种炎症常与支气管炎或毛细支气管炎并发，由后者蔓延而来，故又称支气管肺炎。羊受寒感冒，受物理性、化学性因素的刺激，受条件性病原菌侵害，如巴氏杆菌、链球菌、化脓放线菌、坏死杆菌、绿脓杆菌、葡萄球菌等感染，皆可导致小叶性肺炎。羊小叶性肺炎还可见于肺线虫、羊鼻蝇、乳房炎、创伤性心包炎等病的病理过程。

## （一）诊断技术

1. 查清病因

（1）原发性小叶性肺炎主要是由于饲养管理不善，致使羊体抵抗力降低，呼吸道条件性病原菌及外源性病菌便趁机繁殖，产生毒害作用。其次，受寒感冒，圈舍通风不良，贼风侵袭，吸入刺激性气体以及各种原因所致的吞咽障碍所引起的误咽，亦能引起本病发生。

（2）常继发于支气管炎、胃肠炎、乳房炎、子宫炎等多种疾病。

2. 辨明症状

病初症状不明显，仅有支气管卡他症状，只是发展到一定程度后才表现精神不振，食欲及反刍减少，奶量下降，黏膜发绀，呼吸困难及脉搏加快等全身症状。病羊体温可升高1.5~2℃，呈弛张热。鼻液增多，初为浆液性分泌物，后为黏液性分泌物，无恶臭。咳嗽初为干性，后为湿性。叩诊胸壁能引起咳嗽，且可出现局灶性浊音。听诊可听到啰音及病灶周围肺泡音亢盛。若并发肺坏疽、心包炎时，病情则急剧恶化，常导致全身中毒而死亡。

3. 临床诊断要领

根据临床症状、体温为弛张热，短顿的痛咳，胸部叩诊呈局灶性浊音区，听诊有捻发音、啰音等特征，一般可以作出诊断，但要注意与急性支气管炎、大叶性肺炎的鉴别诊断。

## （二）有效防治措施

1. 预防

加强饲养管理，增强机体抗病能力，舍饲羊要严格控制饲养密度，圈舍应保持通风、干燥、向阳，冬季保暖，春季防旱，防止感冒的发生，饲喂给蛋白质、矿物质、维生素含量丰富的饲料；经远道运输的羊只，不要急于喂给精料，应多为青饲料或青贮料。

2. 治疗

（1）控制感染。可用抗生素和磺胺类药物。青霉素、链霉素对本病有一定的疗效，可单独使用，必要时同时并用。也可采用新霉素、土霉素、四环素、卡那霉素等抗生素。

（2）对症疗法，当体温过高时，可肌注安乃近 2 毫升，一日二次。当有干咳时，可给予镇咳祛痰剂，常用下列处方：磺胺嘧啶粉 2 克，小苏打 2 克，复方咳必清 5 毫升，复方甘草合剂 5 毫升。加水混合，一次灌服。

（3）用中药方剂进行治疗。①润肺理气散：花粉 6 克，贝母 10 克，杏仁 7 克，白芍 6 克，天冬 7 克，广桔皮 7 克，术通 8 克，桑皮 7 克，黄芩 8 克，山橘 5 克，生革 4 克。水煎，去渣灌服。② 白菜散：白菜 8 克，茵陈 5 克，橘子 6 克，党参 8 克，百合 6 克，杏仁 5 克，防风 5 克，知母 6 克，贝母 4 克，冬花 6 克，天冬 4 克，寸冬 6 克，阿胶 6 克，桑皮 5 克，五味 5 克，黄连 3 克，黄芩 5 克，生草 4 克。水煎，去渣灌服。

（4）止咳，每只病羊用氯化铵 3 克、酒石酸锑钾 0.3~0.4 克、杏仁水 2 毫升，或咳必清 40~50 毫升，加适量水混合后灌服，每天 2~3 次；炎性分泌物堵塞支气管且病羊呼吸困难时，每千克羊体重用氨茶碱 3~4 毫克肌内注射，每天 2 次；补液强心，每只病羊用 5% 葡萄糖溶液 500 毫升、10%安钠咖 3~4 毫升、5%维生素 C 6~8 毫升，混合后静脉注射，每天 1 次。

## 十七、膀胱炎

膀胱炎是羊羔的常发病，主要是由于感染大肠杆菌、葡萄球菌等细菌引起膀胱私膜或私膜下层发炎。本病主要症状为频尿、血尿、坐立不安和脓尿。按炎症的性质可分为卡他性、纤维蛋白性、化脓性、出血性四种。一般多为卡他性。多见于绵羊。

## （一）诊断技术

1. 查清病因

（1）本病通常因病原微生物由血液、肾脏和尿道进入膀胱而引起。

（2）邻近器官炎症的蔓延，常见于肾炎、输尿管炎、尿道炎、阴道炎及子宫内膜炎等或用未经消毒的导尿管，或导尿使用不当而引起。

（3）膀胱结石刺激以及膀胱中尿的分解和某些药物或毒物过强的刺激，都可导致该病的发生。

2. 辨明症状

主要症状为尿频，病羊常作排尿姿势，每次只排出少量尿液，但总尿量不变。有时因膀胱括约肌收缩或膀胱黏膜肿胀而发生尿闭。此时病羊疼痛不安，公羊常见阴茎勃起，母羊后躯摇晃，频开阴门。

3. 临床诊断要领

根据症状可作出诊断，但要注意区分导致本症状的原发症。

## （二）有效预防措施

1. 预防

本病预防应建立严格的卫生管理制度、防止病原微生物感染，导尿时应严格遵守操作规程和无菌原则。患其他生殖、泌尿系统疾病时，应及时治疗，以防蔓延。

2. 治疗

膀胱炎的治疗原则是改善饲养管理、抑菌消炎、防腐消毒以及对症治疗。

（1）加强饲养管理，减少精料，给予易消化无刺激性的饲料和大量清水，最好喂青草、青干草和萝卜等饲料。

（2）消毒剂可内服乌洛托品或萨罗 1~2 克，每日 1 次，连用数日。亦可用呋喃坦啶 0.2 克，乌洛托品 1~2 克，氯化铵 2 克，穿心莲 30 克，成羊 1 次内服，每日 2~3 次；头孢氨苄胶囊 1 克，氟哌酸胶囊 0.4 克，成羊每日 2~3 次内服。

(3) 疼痛不安时，可皮下注射吗啡 0.03~0.06 克或温水灌肠。

(4) 急性或慢性膀胱炎时，可用导尿管冲洗膀胱，冲洗前应导出膀胱中的尿液。冲洗方法是：用消毒的导尿管与橡皮管相接，上装漏斗，将温生理盐水灌入膀胱，将漏斗反复下降和抬高，然后排出灌注液，以后用同样方法灌入低浓度的消毒剂，2~3 分钟后放出。常用的低浓度消毒剂为青霉素溶液、0.1%硝酸银、1%~2%硼酸、0.5%明矾及 0.1%高锰酸钾等。

(5) 中药治疗以清热解毒，利尿通淋为治疗原则。秦艽散：秦艽 12 克，当归 12 克，赤芍 6 克，瞿麦 6 克，车前子 9 克，栀子 9 克，连翘 9 克，茯苓 9 克，炒蒲黄 12 克，大黄 9 克，没药 9 克，淡竹叶 6 克，灯芯 6 克，干草 6 克。煎汤，候温灌服。

(6) 立即停止使用磺胺二甲基嘧啶，并给予充足的新鲜清洁饮水，增加排尿量，减少结晶尿损害肾脏，并加速排出。碱化尿液：内服碳酸氢钠，一次量为 5 克，每天 1 次，连用 5 天。为了对尿路进行防腐消毒，内服乌洛托品，一次量为 2 克，每天 1 次，连用 5 天。防止尿路感染，肌内注射青霉素，按照 2 万单位/千克体重，每天 2 次，连用 3 天。

## 十八、中暑

又称日射病或热射病，指羊头部受到强烈阳光的直接照射使头部血管发生充血，而引起脑子的神经机能障碍，是羊在夏季的一种常见急性病。

### (一) 诊断技术

1. 查清病因

羊群在炎热天气条件下放牧，强烈阳光长时间照射，或关在通风不良、闷热的圈舍、车厢内引起羊脑充血，导致全身过热而发病。

2. 辨明症状

羊精神不振，倦怠，继之出现神经机能紊乱，常围着圈打转，四肢发抖，步态不稳，呼吸短促，眼结膜潮红，体温升高到40～42℃，心跳快而弱，皮肤干热继而大量出汗，鼻孔流出泡沫状液体，心跳每分钟100次以上，很快昏倒，昏倒时眼球闪动。如不及时抢救，会很快死亡。

3. 临床诊断要领

根据病史及临床症状可作出诊断。

## （二）有效防治措施

1. 预防

（1）在炎热夏季，放牧的羊群，要求早出晚归，中午返回的羊群要找通风、有树荫的地方休息，避免在烈日下长时间放牧。

（2）饮水处要搭有凉棚，羊舍要求通风良好。

（3）经常给羊洗澡，不具备洗澡条件时，也要经常喷洒凉水，淋浴降温。

（4）要及时驱散“扎窝子”的羊只，避免一些羊将自己的头钻到其他羊的肚子底下，致使更加受热，加重中暑。

（5）每天要保证有清洁凉水，让羊只自由饮用，如羊只出汗较多可适当加点盐。

2. 治疗

本病发展很快，主要问题在于能够早期发现，及时抢救。

（1）应迅速把病羊送到树阴下或通风凉爽的羊舍，保持安静，用冷水浇灌头部。严重时给全身浇冷水，同时用凉水灌肠。

（2）颈脉处紧急放血80～100毫升，放血后补液。

（3）对兴奋不安的羊只，可静脉注射静松灵2毫升，或静脉注射25%硫酸镁50毫升。

（4）当羊心脏衰弱时肌注强心剂20%的安钠咖，对心跳暂停的羊可进行人工呼吸或用中枢神经兴奋剂25%的尼可刹米210毫升，也可选用安乃近等退烧药物或内服清凉性健胃药，如龙胆、大黄、人工盐、薄荷水等。

（5）生理盐水500毫升，加10%樟脑磺胺钠2～10毫升或10%安钠咖 2~10 毫升，静脉注射。为预防酸中毒，可静注 5%碳酸氢钠 200 毫升。

（6）藿香正气水 20 毫升，加凉水 500 毫升，灌服。

（7）西瓜 2 千克，加白糖 100 克，喂服。

## 十九、骨软症

骨软病是成年动物软骨内骨化作用完成后由于钙磷代谢紊乱而发生的以骨质脱钙、骨质疏松和骨骼变形为特征的一种骨营养不良。

### （一）诊断技术

1. 查清病因

（1）饲料中钙、磷供应不足或钙、磷比例不当。

（2）钙的需要量增加。母羊在产奶盛期、妊娠后期，特别是在产羔后一个月左右，由于机体对钙磷的需要量大，最易引起本病。

（3）维生素 D 不足。正常的骨形成除需要足够的钙磷外，还需要维生素 D，它能促进钙磷从小肠吸收，同时还能直接作用于成骨细胞，促使骨的形成过程。

2. 辨明症状

本病属于慢性疾病。病羊一般营养较差，初期多出现异食癖、食欲减退、腹泻、腹胀等消化紊乱情况。后因骨骼变形发生疼痛而呈转移性跛行，尤其是后肢，时轻时重，走路摇摆，肢体拖拉，有时有关节摩擦音，站立时微屈曲，喜卧。随着病情的发展，逐渐出现骨骼变形及特异姿势，如腰背下凹或拱起，后肢呈 X 形或 O 形，各关节都变粗大，肋骨与肋软骨交接处呈捻珠状肿大，肋骨弧度增大，头骨肿胀，切齿和角根松动，倒数第一、二尾椎骨逐渐变小而软，直至骨体消失（除用 X 线透视外，有经验的兽医还可用手指触摸来判断），触压病变部位时，非常敏感。

3. 临床诊断

根据发病年龄、生产情况及食欲降低、异嗜、跛行和骨骼变形等特征症状不难诊断。X 线检查、日粮矿物质分析和血清磷含量及碱性磷酸酶活性的测定可作为辅助诊断指标。

### （二）有限防治措施

1. 预防

注意饲料搭配。在怀孕和泌乳期间，注意补充钙质。

2. 治疗

（1）舍内通风保暖，保证适当运动和充足阳光照射，全群添加易消化并富含蛋白质、维生素、矿物质等全价日粮，强化钙磷及维生素D需求。对呈现异嗜癖轻症患羊，可给予骨粉30~50克/天、磷酸氢钙20~40克/天、$AD_3$粉0.1%混合拌料，5~7天为一疗程，直至痊愈。

（2）对多卧少立，尚可随群同牧患羊加注维丁胶性钙2~4毫升/天肌注，1次/天，间隔2~3天注射一次，连用3次即可；对出现消化紊乱，粪便不整的患羊可适当给予增食健胃散拌料以增食醒胃，益气健脾。

（3）对四肢酸软，不能站立，已不能随群同牧的重症患羊除按上述用药的同时及早给予20%磷酸二氢钠50~100毫升/天缓慢静注，5~7天为一疗程，待症状缓解后继续拌料用药直至痊愈。为防止因补磷造成低血钙情况发生，可在补磷为主同时适量补充10%葡萄糖酸钙50~100毫升/天缓慢静注。对伴有关节肿大或痛感明显患羊，可适当使用10%水杨酸钠20~50毫升/天静注，减轻疼痛以利康复。

（4）对持续用药顽固不愈患畜，可适当采取中药疗法。组方：党参、黄芪、当归、白术、苍术、龙骨、牡蛎、牛膝各30克，茯苓、麦芽、何首乌、川断各15克。共为末开水冲调候温灌服，每服50~80克，连用5~7天。

## 二十、白肌病

羊白肌病又叫僵羔，是羔羊的一种代谢疾病，主要特征为骨骼肌、心肌纤维以及肝组织等发生变性坏死。由于患病羊只肌肉色淡，甚至颜色苍白而得名。本病由于母羊妊娠期和泌乳期代谢性缺乏硒所导致的羔羊机体衰弱、运动障碍、消化机能紊乱等症状。

## （一）诊断技术

### 1. 查清病因

饲草、饲料硒和维生素 E 缺乏或不足所致，其原因有：土壤硒含量低于正常值，其生长的植物、饲草硒含量亦偏低或缺乏；酸性土壤中硒与铁形成硒酸铁，难溶于水，使植物或饲草可利用硒的水平降低；土壤中含硫过高时，它能与硒争夺吸收部位，影响植物或饲草对硒的吸收；沙荒地、沼泽地硒易流失；体内多种元素可拮抗、降低硒生物学作用。存在于青绿饲料中的维生素 E 极不稳定，在空气中易被氧化，故饲料加工和贮存不当或贮存时间过久均可使维生素 E 破坏，含量降低或缺乏。此外，劣质干草、蒿秆维生素 E 含量低等。

### 2. 辨明症状

严重者多不表现症状而突然倒地死亡。心肌性白肌病可见心跳加快、节律不齐、间歇和舒张期杂音以及呼吸急促或呼吸困难。骨骼肌性白肌病时病羔羊运动失调，表现为不愿走动、喜卧，行走时步态不稳、跛行，严重者起立困难，站立时肌肉僵直。部分病羔羊拉稀。

### 3. 临床诊断要领

可根据地方缺硒病史、饲料分析、临床表现及病理剖检的特殊病变，以及用硒制剂治疗的良好效果可作出诊断。

另外，根据牧民的经验，把羔羊抱起，轻轻掷下，健壮羔羊立即跑去，但病羊则稍停片刻才向前跑去，用此法可作为早期诊断的依据。

## （二）有效防止措施

### 1. 预防

本病预防要加强饲料管理，及时给孕羊补充维生素 A、维生素 D、维生素 E 及磷酸盐；冬季可给孕羊饲喂豆科干草、大麦芽、胡萝卜与骨粉，产羔前补硒，或在妊娠期注射 0.1%亚硒酸钠维生素 E 溶液 4~6 毫升，每隔 7 天注射一次，共两次。出生 5~7 日龄羔羊可预防注射 0.1%亚硒酸钠维生素 E 溶液 1.5 毫升，7 天注射一次，共两次，起到预防作用。如果遇到阴雨天气、青草不能及时供应或干草质量差等情况，可进行再次预防注射，达到防控效果。

2. 治疗

（1）对缺硒地区每年所生的羔羊，用0.2%亚硒酸钠皮下或肌内注射，可预防本病的发生，通常在羔羊出生后20天左右就可用0.2%亚硒酸钠液1毫升注射一次，间隔20天后，用1.5毫升再注射一次。注意注射的日期最晚不超过25日龄，过迟则有发病的危险。

（2）给怀孕后期的母羊，皮下注射一次亚硒酸钠，用量为4~6毫克，也可预防所生羔羊发生白肌病。

（3）若羔羊中已有本病发生，应立即用亚硒酸钠进行治疗，每只羊的用量为1.5~2毫升。还可用维生素E 10~15毫克，皮下或肌内注射，每天一次，连用数次。

## 二十一、羊的妊娠毒血症

羊妊娠毒血症属于亚急性代谢病，常发生于妊娠期最后两个月或产犊前2~3天。一旦发病，轻则食欲衰退、精神萎靡，重则死亡。该病是由于母羊妊娠后期体内碳水化合物和脂肪酸代谢故障而引发的代谢性疾病，主要特征有：低血糖、虚弱、失明、血液和尿液中含有大量酮等。

### （一）诊断技术

1. 查清病因

主要是由于母羊多胎，尤其是妊娠后期糖的消耗量增加，若饲料中蛋白、脂肪含量过低，且碳水化合物供应又不及时时，机体动用储备脂肪，致使酮体增多而引起该病。本病主要见于怀双羔、三羔的母羊。主要致病因素如下。

（1）与营养不足有关。较多见于怀孕早期过肥至怀孕末期突然降低营养水平的孕羊。

（2）长期舍饲，缺乏运动。

(3) 气候不良或环境突变可促进本病的发生。

(4) 孕羊因患其他疾病，如捻转血毛线虫病，使食欲下降，可增加发病机会。

2. 辨明症状

病初精神沉郁，放牧或运动时常离群呆立，对周围事物漠不关心；瞳孔散大，视力减退，角膜反射消失，出现意识扰乱。随着病情发展，精神极度沉郁，黏膜黄染。食欲减退或废绝，磨牙，瘤胃弛缓，反刍停止。呼吸浅快，呼出的气体有丙酮味，脉搏快而弱。疾病中后期低血糖性脑病的症状更加明显，表现运动失调，行动拘谨或不愿走动，行走时步态不稳，无目的地走动，或将头部紧靠在某一物体上，或作转圈运动。粪便干而少，小便频数。严重的病例视力丧失，肌纤维震颤或痉挛，头向后仰或弯向一侧，有的昏迷，全身痉挛，多在 1~3 日内死亡。

3. 临床诊断要领

根据营养缺乏及怀孕后期的母羊呈现无热的神经症状，并于 6~7 天内死亡，可作出初步诊断。确诊需结合血酮、尿酮及考地松定量分析。要注意与生产瘫痪相区别。

## (二) 有效防治措施

1. 预防

预防本病的关键是合理搭配饲料。对妊娠后期的母羊，必须饲喂营养充足的优良饲料，保证供给母羊所必需的碳水化合物、蛋白质、矿物质和维生素，如补饲胡萝卜、甜菜及青贮等多汁饲料。对于完全舍饲的母羊，应当每日驱赶运动两次，每次半小时。在冬季牧草不足时，放牧母羊应补饲适量的青干草及精料。

2. 治疗

(1) 保护肝脏，提升血糖。取 25%的葡萄糖溶液 300~500 毫升，向其中加入 20 毫升葡萄糖酸钙溶液，10 毫升维生素 C 注射液，静脉注射，2 次/天。

(2) 将 10%的葡萄糖溶液加以稀释，加入到 0.08 克的氢化可的松注射液中，静脉注射，1 次/天。0.05 克硫酸素粉剂，肌内注射，1 次/天，持续 7 天。

（3）5%的碳酸氢钠注射液 100 毫升，静脉注射，1 次/天，持续 3 天，可有效缓解酸中毒。

（4）避免继发感染采用“混感必治”注射液（成分是：鱼腥草、氧氟沙星、苦参等），羊按需注射 0.1 毫升/千克体重，肌内注射，连续使用 2~3 天。主要饲喂胡萝卜、干青草、苜蓿等，同时保持病羊的适量运动，促进快速康复。

治疗成效：母羊一旦患上妊娠毒血症，一般很难治疗痊愈，使用剖腹产取出羊仔后母羊可恢复，但羊仔成活率很低。由于该病还没有特效疗法，因此死亡率偏高。

## 第二节　外科病

### 一、羊腐蹄病

腐蹄病也叫蹄间腐烂或趾间腐烂病，是一种羊、牛、猪、马等都能够发生的一种传染病，其特征是局部组织发炎、坏死，具有腐败、恶臭、剧烈疼痛等症状。秋季易发病。羊腐蹄病有传染性和非传染性两类，是由坏死杆菌侵入羊蹄缝内，造成蹄质变软、烂伤、流出脓性分泌物。其特征是局部组织发炎、坏死。因为病常侵害蹄部，因而称“腐蹄病”。此病在我国各地都有发生，尤其在西北的广大牧区常呈地方性流行，对羊只的发展危害很大。

#### （一）诊断技术

1. 查清病因

此病主要由于厩舍泥泞不洁，低洼沼泽放牧，坚硬物如铁钉等刺破趾间，造成蹄间外伤，或由于蛋白质、维生素饲料不足以及护蹄不当等引起蹄间抵抗力降低，而被各种腐败菌感染所致。

2. 辨明症状

病羊跛行、食欲降低，精神不振，喜卧。初期轻度跛行，趾间皮肤充血、发炎、轻微肿胀，触诊病蹄敏感。后期病蹄有恶臭分泌物和坏死组织，蹄底部有小孔或大洞。用刀切削扩创，蹄底的小孔或大洞中有污黑臭水迅速流出。趾间也常能找到溃疡面，上面覆盖着恶臭物，蹄壳腐烂变形，病羊卧地不起，病情严重的体温上升，甚至蹄匣脱落，还可能引起全身性败血症。

3. 临床诊断要领

在常发病地区，一般可根据蹄部病变、临床症状（发生部位、坏死组织恶臭）、流行特点即可作出诊断。在初发病地区，为了确诊，可从坏死组织与健康组织交界处用消毒小匙刮取材料，制成涂片，用复红-美蓝染色镜检。

## （二）有效防治措施

1. 预防

（1）加强蹄子护理，经常修蹄，避免用坚硬多荆棘的饲料，及时处理蹄部外伤。

（2）在饲料中补喂矿物质，特别要注意补充钙、磷等矿物质成分。

（3）注意圈舍卫生，保持清洁干燥，及时清除厩舍中的粪便、烂草、污水等，羊群不可过度拥挤。

（4）在厩舍门前放置用10%~20%硫酸铜液浸泡过的草袋，或在厩舍前设置消毒池，池中放入10%~20%硫酸铜溶液，使羊每天出入时洗涤消毒蹄部2~4次。

（5）尽量避免或减少在低洼、潮湿的地区放牧。

（6）注射抗腐蹄病疫苗。

2. 治疗

先用清水洗净蹄部污物，除去坏死、腐烂的角质。若蹄叉腐烂，可用2%~3%来苏儿或饱和硫酸铜溶液或饱和高锰酸钾溶液清洗消毒患部，再撒上硫酸铜或磺胺粉或涂上磺胺软膏，用纱布包扎；也可用

5%~10%的浓碘酊或3%~5%的高锰酸钾溶液涂抹。若蹄底软组织腐烂，有坏死性或脓性渗出液，要彻底扩创，将一切坏死组织和脓汁都清除干净，再用2%~3%来苏儿或饱和硫酸铜溶液和高锰酸钾溶液消毒患部，用酒精或高度白酒棉球擦干患部，并封闭患部。可选用以下药物填塞、治疗。

（1）用四环素粉或土霉素粉填上，外用松节油棉填塞后包扎。

（2）用硫酸铜和水杨酸粉或消炎粉填塞包扎，外面涂上松节油以防腐防湿。

（3）用碘酊棉花球涂擦，再用麻丝填实、包扎。

（4）用磺胺类或抗菌素类软膏填塞、包扎，再涂上松节油。以上各种治疗方法每隔2~3天需换一次药。

（5）对急性、严重病例，为了防止败血症的发生，应用青霉素、链霉素和磺胺类药物进行全身防治。

（6）中药治疗：可选用桃花散或龙骨散撒布患处。

桃花散：陈石灰500克，大黄250克先将大黄放入锅内，加水一碗，煮沸10分钟，再加入陈石灰，搅匀炒干，除去大黄，其余研为细面撒用。有生肌、散血、消肿、定痛之效。

龙骨散：龙骨30克，枯矾30克，乳香24克，乌贼骨15克共研为细末撒用，有止痛、去毒、生肌之效。

## 二、脐疝气

脐疝气是指腹腔脏器通过脐孔而脱入皮下的疾病，主要见于一岁以内的羊，一岁以上者发生较少。脐位于腹壁正中部，在胚胎发育过程中，是腹壁最晚闭合的部位。脐部缺少脂肪组织，使腹壁最外层的皮肤、筋膜与腹膜直接连在一起，成为全部腹壁最薄弱的部位，腹腔内容物容易从此部位突出形成脐疝。

### （一）诊断技术

1. 查明病因

多为先天性的脐孔闭合不全或腹壁发育有缺陷，或者后天性损伤脐带，未对脐带进行结扎所引起，或者是因为微生物感染、侵入脐带的断端而引起。根据病性分为可复性脐疝和嵌闭性脐疝两种。

2. 辨明症状

羔羊的脐疝多为可复性疝，患脐疝的羔羊在脐部出现局限性、半圆形、柔韧无痛性肿胀、羔羊安静卧位时肿块消失。轻压可使内容物还纳腹腔。当疝气变大时，可以听到局部有肠蠕动音，羊只在行动和起卧时很不方便，如不易确诊，应作穿刺检查，根据穿刺物的性质判断。发生嵌闭性脐疝时，病羊有剧烈的疼痛不安症状，触诊肿胀部可发现较硬的索状物，局部温度初高后低。如不及时治疗，病羊可能会死亡。

3. 临床诊断要领

根据病史和临床症状即可诊断。

## （二）有效防治措施

1. 预防

（1）做好接生，不要将脐带从脐孔处断裂。

（2）在脐带未脱落前，每日用碘酒涂搽脐带断端，防止发生脐炎。

（3）如发生脐炎，应抓紧治疗，避免炎症时间拖延而使脐孔变大。

2. 治疗

（1）保守疗法。较小的疝可用绷带压迫患部，使疝轮缩小，组织增生而治愈。也可用生理盐水在疝轮四周分点注射，每点 3~5 毫升，促进疝轮愈合。

（2）手术疗法。对可复性疝进行手术，将病羊仰卧保定，麻醉后切开疝囊，切开皮肤后要将增生的疝孔边缘削掉一些，造成新鲜创面，便于缝合后较快地愈合，将腹膜与疝内容物一起还纳腹腔，用纽扣状外翻缝合或纽扣状重叠缝合最为理想。如为嵌闭性脐疝且肠管与腹膜粘连，可用手指进行钝性分离，分离后如上法缝合疝孔，最后结节缝合皮肤。术后应加强护理。

## 三、羔羊脐带炎（羔羊脐病）

羔羊脐带炎（羔羊脐病）是羔羊脐带血管及其周围组织遭受细菌感染而引起的炎症，可分为脐血管炎及坏疽性脐炎。

### （一）诊断技术

1. 查清病因

脐带剪断时消毒不彻底，环境卫生不好，羔羊互相吸吮脐带等原因造成脐带感染病菌而发炎。

2. 辨明症状

羔羊患脐血管炎时，病羊精神不振、腰背拱起、食欲不振、不愿运动，局部增温。触诊脐部有热痛，脐带中央有较硬的索状物，穿刺时有脓液排出。脐部周围感染严重时，呼吸、脉搏加快，体温升高。坏疽性脐炎时，脐带断端湿润，呈污红色，溃烂，有恶臭味，常形成脐带溃疡。当脐带炎症蔓延时，可引起腹膜炎，易继发败血症及脓毒败血症，有时感染破伤风杆菌而并发破伤风。

3. 临床诊断要领

根据脐带部位的炎症即可作出诊断。

### （二）有效防治措施

1. 预防

主要是脐带的彻底消毒，不仅要对表面进行消毒，还应向残存的脐内灌注消毒液；改善产房卫生；羔羊吃奶后要擦净嘴上的残奶，避免互相吸吮。

2. 治疗

（1）早期较轻时，用抗生素及局部封闭治疗，可于脐孔周围皮下注射青霉素普鲁卡因溶液，并涂布碘酊，后期脓肿发生时应用外科手术排脓，清洁创围，用0.1%的高锰酸钾溶液或3%双氧水或0.01新洁尔灭溶液等冲洗创腔，除去腐烂组织，排出脓液，然后敷以消炎药物。

（2）对坏疽性脐炎，须彻底切开坏死组织，以碘酊处理创口，并向创口内撒布碘仿磺胺粉或者青、链霉素粉或蒲黄粉（地榆、蒲黄、白芨等量为细末）或珍珠散。

(3) 为防止感染和并发症，可肌肉或静脉注射抗生素或磺胺类药物。也可肌内注射破伤风疫苗或内服消炎解毒散（黄芩、黄柏、二花、板兰根各 10 克、生地、寸冬、当归各 9 克）共为细末内服，连用 5 天。

## 第三节　产科病

### 一、乳房炎（乳腺炎）

乳房炎是乳腺腺体与乳腺叶间结缔组织发炎，乳汁理化特性发生改变的一种疾病，是奶山羊最常见的一种疾病。分为隐性乳房炎与临床性乳房炎两种。临床性乳房炎又分为轻型乳房炎和重型乳房炎。奶山羊患病以后，导致乳汁变坏，不能食用，并因患病部位局部血液循环不好而引起组织坏死，甚至造成患病动物死亡。

#### （一）诊断技术

1. 查清病因

引起乳房炎的因素很多，主要是环境卫生不良、消毒不严、违规操作，致使病原微生物侵入，多由金黄色葡萄球菌或链球菌引起；寒冷、挤奶不充分引起的奶汁积存过多等因素也可引起此病；一些疾病亦可继发乳房炎，如结核杆菌病、放线菌病、口蹄疫以及子宫疾病等；因挤奶方法和技术不当等原因造成各种乳房的机械性损伤时，也可继发此病。

2. 辨明症状

隐性乳房炎时病原菌已侵入乳房，但临床表现正常，只有监测时才能根据乳质变化进行判断。轻型乳房炎时乳汁稀薄，乳房变化不明显。重型乳房炎时患区乳房肿胀，皮肤红，乳汁变性，有的呈脓样或带血，常伴有全身症状。

3. 临床诊断要领

临床性乳房炎根据乳房部位的炎症反应即可作出诊断，但轻型乳房炎和隐性乳房炎症状不明显，需做一些辅助检查，如 pH 值的判定，以及在实验室进行病原微生物的分离和鉴定时方可确诊。

### （二）有效防治措施

1. 预防

羊舍要保持清洁、干燥、通风、保温，经常进行消毒。挤奶时避免乳房中奶汁滞留，乳房及手指要清洁消毒，防止粗暴挤奶，避免将动物置于寒冷环境，发现有乳房炎时要及时隔离治疗。

2. 治疗

及时隔离病羊，可以进行局部和全身两种治疗方法。轻者一般多采用乳区注药，每次挤奶后进行。对重症除乳区治疗外多结合全身疗法，主要药物是各种抗生素，要定期进行药物敏感实验，不断更换药物。

（1）20%磺胺噻唑 10~20 毫升，加 10%葡萄糖液 100 毫升，静脉注射，一天 2 次，连用 3~5 天。

（2）青霉素 40 万单位，链霉素 50 万单位，蒸馏水 2 毫升，溶解后肌内注射或乳房实质注射，一天 2 次，连用 3 天。

（3）对发炎的乳房每天数次挤奶、每次要挤净，并进行热敷，发现乳房化脓时要及时进行外科处理。

## 二、胎衣不下

胎衣不下是指羊产出胎儿后，在正常的时限内胎衣未能排出的一种疾病。胎儿产出后，母羊排出胎衣的正常时间，绵羊为 3.5 小时（2~6 小时），山羊为 2.5（1~5）小时。

### （一）诊断技术

1. 查清病因

引起胎衣不下主要有两大类因素，产后子宫收缩不足以及胎儿胎盘和母体胎盘发生愈着。病因如下。

(1) 母羊怀孕后运动不足或饲粮营养不全，缺乏维生素、矿物质等，使子宫产后收缩无力。

(2) 分娩时母羊过度消瘦或肥胖，导致子宫复旧不全。

(3) 怀多胎、胎儿过大、胎水过多等使子宫过度扩张或难产后子宫疲劳无力。

(4) 子宫内膜或胎膜发炎，子宫黏膜肿胀造成粘连。

(5) 作为布氏杆菌病、结核病或胎儿弧菌病的一个症状出现。

2. 辨明症状

母羊弓腰努责，精神不振，体温升高，常卧地，阴户流出红褐色液体，并混有胎衣碎片。胎衣长久不下时，常会发生腐败，从阴户中流出腐败恶臭的恶露，其中杂有灰白色腐败的胎衣碎片。此时病羊常出现明显的全身症状，食欲减退或无食欲，呼吸脉搏加快，精神极差。

3. 临床诊断要领

根据症状即可作出诊断，但要注意区分单纯性胎衣不下与某些传染病（如布氏杆菌病）引起的胎衣不下。

## （二）有效防治措施

1. 预防

加强怀孕母羊的饲养管理，运动，控制饮食，平衡饮食营养，不宜使孕羊过肥。

2. 治疗

产后14小时以内可待胎衣自行脱落，否则必须采取适当措施。超过14小时，胎衣开始腐败，能够引发子宫黏膜的严重发炎，导致暂时性或永久性不孕，甚至引起机体败血症。

(1) 促进子宫收缩，排出胎衣。早期可给病羊肌肉或皮下注射垂体后叶素5~10国际单位，2小时后重复1次。也可用麦角碱注射液5~10毫克，1次肌内注射，促进胎儿胎盘与母体胎盘分离。向子宫内灌注5%~10%盐水300毫克，20分钟后排出盐水。手术剥离胎衣，保定病羊，按常规消毒后，沿胎衣表面把手伸入子宫，小心剥离，最后向子宫内灌注抗生素或防腐消毒液，如土霉素或0.2%普鲁卡因溶液即可。

（2）皮下注射脑垂体后叶素，当阴门和阴道较小，手难以深入子宫时，注射此药，促使子宫兴奋，加速胎衣排出。或肌内注射己烯雌酚注射液5~10毫克，每天一次，共2~3次。为了排出子宫中的液体，可以将羊的前肢提起。

（3）如尿道感染时，可静脉注射10%~25%的葡萄糖注射液，同时加注40%的乌洛托品。如出现破伤风、败血症等全身症状时，可肌内注射或静脉滴注青霉素、链霉素等抗生素。

（4）中药治疗：当归9克，白术6克，益母草9克，桃仁3克，红花6克，川芎3克，陈皮3克，研细末，开水调后灌服。

## 三、阴道脱出

阴道脱出是阴道壁的一部分或全部外翻脱出于阴门之外，又称膣脱。该病多发生于妊娠后期，偶尔发生于产后，山羊比绵羊多见。

### （一）诊断技术

1. 查清病因

该病主要是由于饲养管理不当引起的。怀孕母羊老龄经产、衰弱、营养不良及运动不足，常引起全身组织紧张性降低；怀孕末期，因胎盘分泌较多雌激素，使骨盆内固定阴道的组织、阴道及外阴松弛，在此基础上，如伴有腹压持续升高的情况，如胎大，胎水多，产时努责过强等，则压迫松软的阴道壁，使其一部分或全部突出于阴门之外。顽固性腹泻或便秘、产后阴道受到刺激，母畜因而强烈努责或助产时用力过猛均可导致阴道脱出。

2. 辨明症状

阴道脱出容易诊断，根据临床症状即可作出。部分阴道脱出时，其脱出的大小视时间的长短而定，初期，当羊卧下时，可以看到阴道上壁的黏膜向外突出，起立时又退缩而消失，病程久后脱出部分增大。完全脱出时，则见突出一个大而圆的粉红色瘤肿样物，站立时不复原，有时阴道脱出的程度很大，从外面可看到子宫颈。尿道外口常压在脱出阴道的底部，排尿不流畅。产后发生者，常为部分脱出。脱出的阴道因空气和异物刺激，粪土污染而出血、干裂、发炎、坏死及糜烂，严重者继发全身感染，甚至死亡。

3. 临床诊断要领

根据临床症状即可作出诊断。

### （二）有效防治措施

1. 预防

改善营养条件，加强管理，不刺激孕羊，保证孕羊适当运动，避免过于肥胖。

2. 治疗

（1）脱出不大时不需治疗，可采取一些措施，如使孕羊的后躯站高，适当运动，减少卧地时间，以防脱出部分继续增大。

（2）在发生污染及创伤时，应用2%明矾溶液冲洗。

（3）在妊娠后期将羊置于前低后高的床位上使后躯抬高，减少后躯压力。经常用药物予以洗涤，以防止炎症发生。

（4）分娩时由于努责而脱出时，可以使用保定带给予保定，也可以实行手术治疗。完全脱出时，应进行整合手术。整合手术：前低后高保定患畜，在病羊努责强烈时，可给病羊内服200毫升左右白酒或在荐尾间隙轻度麻醉，再用消毒药清洗脱出部分及其周围，有伤口时先缝合伤口，之后进行阴道整复。整复时，先用消毒纱布将脱出阴道托起，趁病羊不努责时，用手将阴道推向前方，纳入骨盆腔内。为防止再脱，可采用阴门双内翻缝合。术后肌内注射青霉素、链霉素各80万单位，每天2次，连续3天。

（5）加强护理，喂以适口性强且易消化的食物。母羊适当运动，少睡卧，防止过度努责。

## 四、子宫脱出

子宫脱出是分娩之后子宫脱出在外的疾病，以妊娠子宫角发生者较多。多见于羊产后6小时以内，但多胎的母羊，常在产后14小时左右才发生子宫脱出。根据子宫脱出程度的不同，可分为完全脱出与不完全脱出两种。

## （一）诊断技术

1. 查清病因

① 年老体弱，子宫弛缓无力。② 助产时拉力过猛。③ 破水过早而产道干涩。④ 某些品种特征。⑤ 运动不足，饲养不当。⑥ 胎儿过大，胎儿过多及胎水过多。⑦ 怀孕后期母羊腹压增大，子宫受到内脏的压迫而脱出。⑧ 胎衣不下时，胎膜与子宫的子叶结合紧密，因胎衣过重而引起。

2. 辨明症状

子宫脱出分为完全脱出和不完全脱出。在羊通常是孕角脱出，从阴门中垂出一个大的带状物，有时还附有尚未脱出的胎衣，胎衣剥落后可见有大小不等的宫阜，呈浅杯状或圆盘状。脱出的子宫时间稍久会发生瘀血水肿，有的发生高度血肿，黏膜变脆易破。病羊拱腰不安，不断努责，排尿困难，严重者常常并发便秘或拉稀，如拖延不治则黏膜发生坏死，可引发腹膜炎、败血症，可能出现全身症状。

3. 临床诊断要领

子宫脱出时，症状明显，容易诊断。

## （二）有效防治措施

1. 预防

应加强饲养管理，保证饲料的质量与数量，保证孕羊有足够的活动；多胎的母羊，易发生子宫脱出，应在产后14小时内多加注意母羊；胎衣不下时，不可强行拉出；产道干涩时，应予以润滑，并在胎儿出生后立即施行脱宫带，以免子宫脱出。

2. 治疗

治疗本病的关键是对脱出的阴道进行整复和固定，防止复发。

（1）清洗脱出的子宫黏膜。用温热的消毒防腐液（如0.1%高锰酸钾，0.1%新洁尔灭等）将脱出子宫上的异物充分洗净，除去坏死组织，伤口大时应进行缝合，并涂以金霉素软膏或碘甘油溶液。

（2）努责重者进行硬外麻醉，前低后高或倒卧保定，用3%双氧水或明矾液清洗或浸泡减轻水肿，去除异物及坏死组织，缓慢整复，先将子宫内层的腹腔脏器送回，再从基部或尖端开始逐一将脱出子宫送回阴道内，边送边把持顶压防止努责再脱，全部送回腹腔还原。

（3）整复完毕后，肌注缩宫剂及肾上腺素。

（4）并发其他炎症时，应对症治疗。术后可灌服中药当归、白勺各10克，柴胡、升麻、黄芪各15克，水煎服，连服3剂。

（5）子宫摘除，在无法整复或者发现子宫壁上有很大裂口、贯穿伤、坏死等严重损伤时，施行子宫摘除术。

## 五、产后瘫痪

产后瘫痪是急性而严重的神经疾病，羊的产后瘫痪多发生于高产羊，以全身无力、循环性虚脱、知觉消失和四肢瘫痪为特征。常在产羔后1~3天发病，2~5胎母羊多发。山羊和绵羊均可发生此病，但以山羊多见，尤其是有些二胎以上的高产母山羊。此病主要见于成年母羊，发生在产前或者产后数日以内，偶尔见于怀孕其他时期。

### （一）诊断技术

1. 查明病因

舍饲、产乳量高以及怀孕末期营养良好的羊只，如果饲料营养过于丰富，均可诱发此病，血钙和血糖过低，也可引发此病。其实质是由于母羊神经系统过度紧张（抑制或衰弱）而发生的一种疾病。

2. 辨明症状

最初症状通常出现于分娩之后。少数病例见于妊娠末期和分娩过程。以四肢瘫痪，知觉丧失，舌、咽、肠道麻痹为本病的特征。病初表现为全身抑郁，食欲减退或废绝，反刍及瘤胃蠕动停止，粪尿减少或无，泌乳下降，不愿走动，步态僵直，站立不稳，肌肉发抖，卧下不能起立，瘫痪，有时四肢痉挛，胸式卧，初期症状维持时间较短，通常容易被忽略。发病后期昏睡，角膜反射很弱或消失，瞳孔散大，体温可降至36~37℃，皮温降低，心跳加快、呼吸深慢，脉搏先慢后弱，以后稍快，进而更微弱，勉强可以触到。抢救迟误，5~12小时死亡。另外，也有病羊往往死于没有明显临床症状的病例。

3. 临床诊断要领

根据临床症状可以作出诊断。

### （二）有效防治措施

1. 预防

根据钙在机体内的动态变化，在生产实践中应充分考虑饲料成分，预防该病的发生。分娩前要科学地调整饲料中的含钙量，分娩后要及时增加钙的供应，并结合补充适量的维生素D等。保持适当运动，产前一周肌内注射维生素$D_2$，或注射维丁胶性钙，并保持适当运动。

2. 治疗

（1）乳房送风法：乳房送风器消毒后涂凡士林，慢慢插入乳管内，送风至乳房膨胀，取出乳房送风管后，轻轻按压乳房，促使乳头括约肌收缩，防止空气外溢。若无乳房送风器，亦可用100毫升注射器代用。其目的抑制泌乳，减少血钙丢失，以达到治疗的目的。

（2）补钙疗法：每千克体重用0.022克氯化钙，配成5%~10%溶液静脉注射，或20%葡萄糖酸钙50~100毫升，缓慢静脉注射。

（3）对症治疗：根据需要进行补液，以达到强心、解毒和补充营养的目的。食欲不好可投给健胃剂。

## 六、初生羔羊窒息（假死）

### （一）诊断技术

羔羊出生后，呼吸发生障碍或没有呼吸，而心脏仍有搏动者称为初生羔羊窒息（假死）。

1. 查清病因

（1）胎羊体内二氧化碳积聚，刺激呼吸中枢过早发生呼吸运动，吸入羊水而出现不呼吸，呼吸微弱或不规律，如难产、阵缩过强使子宫贫血、或过早破水使胎盘早期剥离、或脐带缠在胎儿自身肢体等情况，造成胎羊血液和组织内缺氧而使初生羔羊窒息（假死）。

（2）胎儿产出未及时撕破胎膜而使胎儿吸入羊水。

（3）胎儿因其他物品堵塞鼻孔而不能呼吸及温度过低使胎儿受冻，也可造成初生羔羊窒息（假死）。

（4）母羊有病，如患贫血或者严重的热性病时，血内氧气不足，二氧化碳过多，刺激胎儿过早发生呼吸同样会导致此病。

2. 辨明症状

窒息程度轻时，呼吸微弱而急促，时间稍长，可发现黏膜发绀，舌垂口外，口、鼻内充满羊水和黏液，听肺部有湿啰音，心跳和脉搏快而弱，仅角膜存在反射；严重窒息时，羔羊呼吸停止，体温下降，黏膜苍白，全身轻松，反射消失，摸不到脉搏，只能听到心跳，呈假死状。假死与死胎的区别是，如果肛门紧闭可能是假死，张开则死胎。

3. 临床诊断要领

根据临床症状可作出初步诊断，但诊断是否正确主要是通过治疗效果进行判断。

## （二）有效防治措施

1. 预防

在产羔季节，应有专人值班，及时进行接产，对初生羔羊精心护理，如遇难产或者母羊有病，应及时助产，拉出胎儿。

2. 治疗

（1）羔羊发生窒息时，可以进行人工呼吸，将羔羊头部放低，后躯抬高，由一人握住两前肢，前后来回拉动，交替扩展和压迫胸腔，另一人用纱布或毛巾擦净鼻孔及口腔中的黏液和羊水。在做人工呼吸时，必须耐心，直至出现正常呼吸才能停止。进行人工呼吸的同时，还可使用刺激呼吸中枢的药物，如山梗茶碱510毫克，尼可刹米25%油溶液1.5毫升等。

（2）用酒精擦拭鼻孔周围以刺激呼吸。

（3）将羔羊露出口、鼻，身体浸在37℃左右的温水中。在羔羊恢复正常呼吸后，立即擦干全身，帮助羔羊吃到初乳。可适量注射抗生素，以防呼吸道发生感染。

## 七、难产

难产是由于母体或胎儿异常所引起的胎儿不能顺利通过产道的分娩疾病。包括母羊异常引起的难产和胎儿异常引起的难产两种。

### （一）诊断技术

1. 阐明病因

（1）母羊异常引起的难产，常见于阴门及阴道狭窄。多半是母羊阴门及阴道弹性不够，助产时在产道内操作时间过长，造成阴道壁高度水肿，或由于阴道、阴门瘢痕或肿块所造成。母羊异常引起的难产包括原发性和继发性难产两种。原发性难产主要发生在秋冬两季，年老羊只多发，主要由于怀孕期饲养不良，运动不足，子宫过度扩张，子宫发育不全，病原微生物引起的子宫退行性变化等因素引起。继发性难产是由于长时间努责后肌肉发生应激性过度疲劳引起。

（2）胎儿异常引起的难产常见的有：胎势不正，包括头颈姿势不正、前肢姿势不正、后肢姿势不正；胎位不正和胎向不正。

2. 辨明症状

（1）阴门狭窄：分娩时阴门扩张不大，在强烈努责时，胎儿唇部和蹄尖出现在阴门处而不能通过，使外阴部突出。但在努责的间歇期外阴部又恢复原状。

（2）阴道狭窄：阵缩及努责正常，但胎儿久不露出产道，阴道检查时可摸到狭窄部分。

（3）胎儿的症状表现有胎头侧转：从阴门伸出一长一短的两前肢，不见胎头露出。在骨盆前缘或子宫内，可摸到转向一侧的胎头或胎颈，通常是转向前肢伸出较短的一侧。

（4）胎头下弯：在阴门附近可能看到两蹄尖。在骨盆前缘，胎头弯于两前肢之间，可摸到下弯的额部、顶部或下弯颈部。

（5）胎头后仰：在产道内可发现两前肢向前，向后可摸到后仰颈部的气管轮，再向前可摸到向上的胎头。

（6）头颈扭转：两前肢入产道，在产道内可摸到下颌向上的胎头，可能位于两前肢之间或下方。

（7）前肢姿势不正：常见于腕关节屈曲，一侧关节弯曲时，从产道伸出一前肢，而两侧性时，两前肢均不伸入产道。在产道内或骨盆前缘可摸到正常胎头及弯曲的腕关节。

（8）后肢姿势不正：倒生时，后肢姿势不正，有跗关节屈曲和髋关节屈曲两种。① 跗关节屈曲：一侧跗关节屈曲时，从产道伸出一后肢，蹄底向上，产道检查时可摸到尾巴、肛门及屈曲的跗关节。两侧性的只能摸到尾巴、肛门及屈曲的两跗关节。② 髋关节屈曲：一侧髋关节屈曲，从阴门伸出一蹄底向上的后肢，检查时可摸到尾巴、肛门、臀部及向前伸直的一后肢。两侧性的均可摸到尾巴、坐骨结节及向前伸的两后肢。

3. 临床诊断要领

根据临床症状及通过触诊所感觉到的产道宽度、胎儿异位可作出诊断。

### （二）有效防治措施

1. 预防

加强饲养管理，保持母羊、孕羊营养平衡，分娩过程中保持环境安静，对于分娩的异常现象，及早发现，及早处理。

2. 治疗

（1）助产。按不同的异常产位将胎儿矫正后，然后拉出即可。

（2）当宫颈扩张不全或闭锁，胎儿不能产出或骨骼变形，致骨盆腔狭窄，胎儿不能通过产道时，必须请兽医进行剖腹产急救，以保母子平安。

## 八、子宫内膜炎

由于分娩时或产后子宫感染，而使子宫内膜发炎，称子宫内膜炎，是常见的一种母羊生殖器官疾病，是导致母羊不孕的重要原因。

## （一）诊断技术

1. 病因

（1）在配种、人工授精及接产过程中消毒不严，容易引发此病。

（2）由于难产时手术助产、截胎术、子宫内翻及脱出、胎膜滞留、子宫复原不全及流产、胎衣不下等造成的子宫内膜损伤及感染而发生。

（3）阴道内存在的某些条件性病原菌，在机体抵抗力降低时，可引发此病，常见于流产前后，尤其是传染病引起的流产，可相互传染。

（4）胎膜滞留、阴道脱出、子宫脱出、胎衣不下及阴道炎等引起的继发症是产后子宫内膜炎的主要因素之一。

2. 辨明症状

分急性子宫内膜炎与慢性子宫内膜炎两种。急性子宫内膜炎多发生于产后5~6天，排出多量恶露，具有特殊的臭味，呈褐色、黄色或灰白色。有时恶露中有絮状物、宫阜分解产物和残留胎膜。后期渗出物中有多量的红细胞和脓性黏液。乳量减少，食饮减退，反刍扰乱，体温微高，精神萎靡。如果是传染性子宫内膜炎，则体温显著升高，病羊极度虚弱，泌乳停止，甚至造成死亡。慢性子宫内膜炎，多是由急性发病转变而来，食欲稍差，主要表现不定期地排出混浊的黏性渗出物。母羊发情不规律或停止发情，但屡配不佳。

3. 临床诊断要领

根据临床症状一般可作出诊断，必要时可对阴道排泄物进行病原分离培养。

## （二）有效防治措施

1. 预防

加强饲养管理，预防和扑灭引起流产的传染性疾病；适当加强运动，提高机体抵抗力；在配种、人工授精及助产时，严格消毒、规范操作。及时治疗流产、难产、胎衣不下、阴道炎等产科疾病，以防损害和感染。

2. 治疗

严格隔离病羊，加强护理，及时治疗急性子宫内膜炎，提高机体抵抗力、子宫紧张力和收缩力，促使子宫内渗出物排出。

（1）冲洗子宫是治疗慢性与急性炎症的有效方法。药物可选 3%氯化钠溶液、0.1%高锰酸钾溶液、0.1%雷夫奴尔溶液或 0.1%呋喃西林溶液。

（2）向子宫内注入抗生素。如青霉素、链霉素、金霉素等，使用抗生素应通过药敏实验进行选择。

（3）全身疗法：注射抗生素和磺胺类药物。

（4）中药疗法：当归、川草、白芍、丹皮、二花、连翘各 10 克，桃仁、茯苓各 5 克，水煎服。

## 第四节　中毒病

### 一、亚硝酸盐中毒

亚硝酸盐是由于羊只采食了大量富含硝酸盐或亚硝酸盐的饲料发生的高铁血红蛋白症，以皮肤、黏膜发绀及其他缺氧症状为特征。

#### （一）诊断技术

1. 查清病因

羊只大量采食了在潮湿闷热环境下长期贮存的富含硝酸盐的植物性饲料，如白菜、甜菜叶、牛皮菜、萝卜叶、南瓜藤、野苋菜、灰菜等。另外，各种鲜嫩青草、作物秧苗、叶菜等也富含硝酸盐，特别是在重施化肥（如硝酸铵、硝酸钠等）、除莠剂或植物生长刺激剂后，更容易引起中毒。

2. 辨明症状

本病一般发生于羊采食有毒饲草（料）后 1~5 小时，主要表现为流涎、腹痛、呼吸极度困难，肌肉震颤，步态不稳，倒地后全身痉挛，后肢站不稳或呆立不动。后期黏膜发绀，皮肤青紫，呼吸迫促，出现强直性痉挛。体温正常或偏低，躯体末梢部位厥冷。针刺耳尖仅渗出少量黑褐色血滴，但凝固不良。

### （二）有效防治措施

1. 预防

（1）避免青绿饲料长期堆放。

（2）接近收割的青绿饲草不能再使用硝酸盐类肥料。

（3）对可疑饲草、饮水，饲用前应采样化验。

2. 治疗

（1）采用特效解毒剂。① 1%的美蓝（亚甲蓝）0.1 毫升/千克体重，10%葡萄糖 250 毫升，一次静脉注射，必要时 2 小时后再重复用药。② 5%甲苯胺蓝 0.5 毫升/千克体重，配合维生素 C 0.4 克，静脉注射。

（2）对症治疗：可用双氧水 10~20 毫升，以 3 倍以上的生理盐水或葡萄糖水混合静脉注射；也可用 10%葡萄糖 250 毫升，维生素 C 0.4 克，25%尼可刹米 3 毫升静脉注射；也可用 0.2%高锰酸钾溶液洗胃，或静脉放血 100~200 毫升（同时进行补液）。

## 二、氢氰酸中毒

氢氰酸中毒是由于羊采食或饲喂含有氰苷配糖体的植物及其籽实，在胃内由于酶和水解的胃液盐酸的作用，产生游离的氢氰酸，而发生中毒。在临床上主要以呼吸困难、震颤、痉挛和突发死亡等为特征的中毒性缺氧综合征。

### （一）诊断技术

1. 查明病因

羊只误食了生长于秋冬季节的木薯叶、高粱苗、玉米苗、枇杷、杏树叶、桃树叶等，或喝了浸泡木薯、亚麻籽饼的水。

2. 辨明症状

发病急，精神兴奋，后转为沉郁，口角流有大量带白色泡沫状涎水，呻吟，磨牙，出现胃程度不同的臌气，全身虚弱，体温下降，心搏动减弱，脉性细小，呼吸浅表，呼出气有苦杏仁味。可视黏膜呈鲜红色，瞳孔散大，视力减退，眼球震荡，肌肉震颤，反射机能减弱或消失，步态蹒跚，后肢麻痹不能负重，卧地不能站起，在伴有角弓反张的同时迅速死亡。

### （二）有效防治措施

1. 预防

防止羊采食高粱、玉米等收割后的再生苗，对可疑含有氰苷配糖体的青嫩牧草或饲料，宜经过流水浸渍（24 小时以上）或漂洗加工后再用作饲草或饲料，尤其对亚麻籽饼必须经过煮沸加工才能充作精料，饲喂羊群较为安全。

2. 治疗

（1）静脉缓慢注射 3%亚硝酸钠溶液，剂量为 6~10 毫克/千克体重，再静脉注射 50%硫代硫酸钠，急性中毒的病例按 0.2~0.3 克/千克体重，必要时隔 1~2 小时重复注射 1 次。

（2）口服硫代硫酸钠 3~5 克。

（3）放血 200~300 毫升。

（4）灌服花生油 50~100 毫升，肌注洋地黄 0.01 毫克/千克体重，必要时还可用葡萄糖盐水进行补液。

## 三、羊黑斑病甘薯中毒

红薯发生黑斑病以后，病变部位干硬，表层形成黄褐色或黑色斑块，味苦，羊采食后会发生中毒，临床上以急性肺水肿与间质性肺泡气肿、严重呼吸困难以及皮下气肿等为主要特征。

### （一）诊断技术

1. 查清病因

由于采食一定量的黑斑病甘薯。

2. 辨明症状

多数病羊的突出症状是呼吸困难，往往伴随精神沉郁、食欲不振等。呼吸音粗而强烈，如拉风箱音。病羊多张口伸舌，头颈伸展，长期站立，不愿卧地。眼球突出，瞳孔散大，呈现窒息状态。急型重症病例，在发病后1~3天内可能死亡。泌乳性能好的奶山羊，在发病后，尤其出现呼吸困难症状后，奶量大减以至停止泌乳，妊娠母羊往往发生早产或流产。病羊胃臌气和出血性胃肠炎。心脏机能衰弱，脉搏增数。可视黏膜发绀，颈静脉怒张，四肢末梢冷凉。体温多正常。

### （二）有效防治措施

1. 预防

（1）杀灭黑斑病病菌，在甘薯育苗前，对种用甘薯用10%硼酸水（20℃），浸泡10分钟。

（2）收获和运输甘薯时，注意勿伤坏甘薯表皮，贮藏和保管甘薯时，注意做到：入窑散热关、越冬保温关和立春回暖关；地窑应干燥密封，温度控制在11~15℃。

（3）严禁饲喂黑斑病甘薯及其粉渣、酒糟等副产品，黑斑病甘薯要严禁乱丢，应集中深埋或火烧，以防羊的误食。

2. 治疗

（1）排毒：5%的葡萄糖溶液和维生素C以促进排毒，或用大量生理盐水洗胃。内服1%的高锰酸钾溶液或1%的过氧化氢溶液。

（2）解毒及缓解呼吸困难：1%的硫酸阿托品或5%~20%的硫代硫酸钠注射液缓解呼吸困难。解除代谢性酸中毒如0.1%的高锰酸钾液或5%的碳酸氢钠溶液。加强心脏机能，应及时注射20%安钠咖注射液。为减少液体的渗出作用，应用10%氯化钙注射液，或20%葡萄糖酸钙注射液，静脉注射。

## 四、萱草根中毒

萱草俗名野黄花菜、金针菜。为百合科萱草属植物，多年生草本，生长于阴湿山区或人工栽培。每年冬末春初缺草时期，羊只放牧时刨食草根达到中毒剂量后即引起中毒。有毒成分为萱草根素，它对各脏器均有毒害作用，主要侵害神经系统，引起大脑、小脑、延脑和脊髓白质软化和视神经变性，同时也引起肝脏变性，肾病和血管损害。萱草根素的中毒剂量绵羊为38.3毫克/千克体重。

### (一) 诊断技术

1. 查明病因

本病主要在1—3月发生，流行于盛产野黄花菜的阴湿山区和人工栽培地区，有采食病史。

2. 辨明症状

临床症状严重程度视食入多少而定。中毒较重者一般病初表现精神委顿，尿橙红色，胃肠蠕动增强，心跳加速有时节律不齐。病羊不吃草，表现惊恐，步态不稳，瞳孔散大，双目失明。继而频尿，排尿困难，行走无力，尤以后肢为重。最后肢体瘫痪，卧地不起。一般经2~4天后死亡。中毒较轻者，可以康复，但双目失明、瞳孔散大不能恢复。

### (二) 有效防治措施

1. 预防

不在长有黄花菜的草地上进行放牧，使羊采食不到萱草根。

2. 治疗

尚无有效治疗方法。

## 五、棉籽饼中毒

棉籽饼是一种富含蛋白质和磷的精饲料，但它含有棉籽毒，通常称作棉酚，是一种细胞毒和神经毒，对胃肠黏膜有很大的刺激性，所以长期少量或短期大量饲喂羊可引起急性和慢性中毒。腐烂、发霉的棉籽饼毒性更大。母畜慢性中毒，可使吃奶的幼畜发生中毒。

### (一) 诊断技术

1. 查清病因

病羊曾大量采食或长期饲喂棉籽饼。

2. 辨明症状

中毒轻的羊，表现出食欲减少，粪球黑干，体重减轻。中毒较重的羊，体温升高，精神沉郁。眼睛怕光流泪，有时还有失明。中毒严重的，兴奋不安，打颤，呼吸急促，食欲废绝，下痢带血，排尿困难或尿血，2~3 日死亡。胃肠呈出血性炎症，腹水。心内、外膜出血，心包积水、心肌变性。肾脏出血和变性。肝实质变性。肺水肿，兼有肺炎斑点。脾和淋巴结充血。胆囊肿大，有出血点。视力障碍、排红褐色尿液等可作出诊断。

### （二）有效防治措施

1. 预防

（1）棉籽饼热炒或蒸煮一小时，或加水发酵，可减少毒性。

（2）腐烂、发霉的棉籽饼不宜作饲料。

（3）怀孕和哺乳期母畜禁喂棉籽饼或棉叶。

（4）长期饲喂棉籽产品时，应搭配豆科干草或其他优良粗饲料或青饲料。

（5）铁能与游离棉酚形成复合体，丧失其活性，故饲喂时可同时补充硫酸亚铁。

2. 治疗

（1）立即停喂棉籽饼和棉叶，并绝食一天。

（2）内服泻剂如硫酸镁（或硫酸钠、人工盐），应多加水灌服。双氧水洗胃，胃肠炎严重的可用消炎剂、收敛剂，如磺胺脒，也可用硫酸亚铁。还可用藕粉、面糊等以保护肠黏膜。

（3）为防止渗出，增强心脏功能，补充营养和解毒，可用10%~20%葡萄糖 500 毫升、10%的安钠咖 20 毫升、10%的氯化钙溶液 100 毫升，一次静脉注射。注射维生素 C、维生素 A、维生素 D 等都有一定的疗效。

## 六、有机磷农药中毒

有机磷农药是目前农业上应用最广泛的杀虫剂，其中较为常见的有对硫磷、磷胺、甲基对硫磷、谷硫磷、三硫磷、甲胺磷、苯硫磷、敌敌畏、稻丰散、乙硫磷、乐果、敌百虫等，它们对羊均具有较强的毒性，常造成中毒。

## （一）诊断技术

1. 查清病因

① 羊采食过喷洒有机磷杀虫剂不久的农作物、牧草、蔬菜等。② 采食过拌过或浸过有机磷杀虫剂的种子。③ 治疗羊的疾病时使用过量。④ 饮水被有机磷杀虫剂污染。⑤ 违反使用、保管有机磷杀虫剂的安全操作规程，造成饲料污染等。

2. 辨明症状

羊只中毒较轻时，食欲不振，无力、流涎。较重时，呼吸困难，腹痛不安。表现大量流涎、流泪，瞳孔缩小，视力模糊，多汗、气喘，肠蠕动亢进、腹泻、尿频。共济失调，骨骼肌震颤、挛缩、呼吸肌麻痹，脉搏加快，血压上升，体温升高，晚期可因血管运动神经麻痹，发生循环衰竭、昏迷、不安、震颤、呼吸肌麻痹等，最终死亡。

## （二）有效防治措施

1. 预防

严禁农药与饲料混放在一起，喷洒过农药的地方在 6 周内禁止放牧。

2. 治疗

（1）经皮肤接触中毒者可用（除敌百虫外）冷肥皂水或其他淡碱水彻底清洗，继用微温水冲洗干净；应避免使用热水以防增加吸收。

（2）经口服中毒者除敌百虫须用清水冲洗外，其他均可用 2% 碳酸氢钠（小苏打）或生理盐水、1% 肥皂水或 1% 过氧化氢液洗胃。禁用油类泻剂。

（3）皮下注射硫酸阿托品，羊 0.005~0.01 克，严重者耳静脉注射。并观察瞳孔变化，若无明显好转，20 分钟后可重复注射一次，直至瞳孔散大，逐渐清醒，才可停止用药。

（4）对症治疗应及时补液（葡萄糖、复方氯化钠、生理盐水及维生素 C、$B_1$、$B_2$ 等）。心脏功能障碍时，应用强心剂；呼吸麻痹可吸氧和注射呼吸兴奋剂。常用的有 10%～20%安钠咖、樟脑磺酸钠等。狂躁不安时，可用镇静、解痉药，如氯丙嗪、苯巴比妥钠。

## 七、尿素中毒

尿素是农作物应用最广泛的化学肥料，同时在畜牧业上也被广泛用作反刍动物的蛋白饲料添加剂，当饲喂方法不当或用量过大时，易引起中毒。

### （一）诊断技术

1. 查清病因

（1）在饲料中首次加入尿素时，没有经过一个逐渐增量的过程，而是按定量突然饲喂。

（2）在饲喂尿素过程中，不按规定控制用量，或添加的尿素同饲料混合不匀，或将尿素溶于水而大量饲喂。

（3）对尿素管理不善，被动物大量偷食。

（4）羊只饮服大量新鲜人尿。

2. 辨明症状

羊尿素喂量过大，可于食后 0.5～1 小时发生中毒。开始时表现不安，流涎，发抖，呻吟，磨牙，步态不稳。继则反复发作痉挛，同时呼吸困难。急性者反复发作强直性痉挛，眼球颤动，呼吸困难，鼻翼扇动，心音增强，脉搏快而弱，出汗，体温不匀。口吐泡沫，有时呕吐，瘤胃臌胀，腹痛，瞳孔散大，最后窒息而死。人尿中毒，绵羊饮后 20 分钟，即可中毒。绵羊四肢痉挛，步样蹒跚，呼吸迫促，心悸亢进，结膜发绀，皮肤呈蓝紫色，肿胀，口吐白沫，体温下降，继之死亡。剖检主要是消化道黏膜充血、出血，并糜烂及溃疡，胃肠内容物为白色或褐红色，有氨味，心外膜出血，内脏严重出血，肾脏及鼻黏膜发炎且有出血。

3. 诊断要领

根据病史、临床症状等可作出初步诊断，可通过测定病羊血液中氨氮值进行确诊。

### （二）有效防治措施

1. 预防

① 用尿素作添加剂补饲，须注意用量。② 尿素不宜和生大豆及大豆饼混喂。③ 对含氮农药妥善保管，防止误食。④ 尿缸、尿桶不要放在牲畜容易喝的地方。⑤ 施肥10天内禁止饮用田中水。

2. 治疗

病初可投服酸化剂，如稀盐酸2~5毫升，或乳酸2~4毫升，或食醋100~200毫升。同时可内服硫酸镁或花生油。病情较严重的静脉注射10%葡萄糖300~500毫升，10%葡萄糖酸钙50~60毫升，5%碳酸氢钠溶液50~80毫升或20%硫代硫酸钠溶液10~20毫升。瘤胃严重臌气时，可进行瘤胃穿刺术以缓解呼吸困难。

## 八、拟除虫菊酯类农药中毒

拟除虫菊酯类农药是一类人工合成与天然除虫菊素化学结构相似的杀虫剂，因其具有高效、广谱、低毒、低残留等特点，近年来大范围投入生产和使用。我国常见的拟除虫菊酯类药物主要有甲氰菊酯、氰戊菊酯、溴氰菊酯、氟氯氰菊酯及高效氯氰菊酯等。按我国农药毒性分级标准，拟除虫菊酯类药物多为中等毒性杀虫剂，其杀虫活性很高，以触杀和胃毒作用为主。

### （一）诊断技术

1. 查清病因

拟除虫菊酯类药物中毒主要是由于饲草、饮用水被药物污染，驱虫时用药量过大或药液误入羊口腔内等原因。

2. 辨明症状

拟除虫菊酯类药物误服中毒可表现恶心、呕吐、呼吸困难或呼吸急促、血压过低、脉搏弛缓、神经过敏、流涎、口吐白沫、全身痉挛、四肢强直等症状。

## （二）有效防治措施

1. 预防

严禁农药与饲料、饮水混放在一起，喷洒过农药的地方在 21 天内禁止放牧。药浴除虫时注意使用剂量，按规定操作，防止药液入口腔和眼睛。

2. 治疗

本病无特效解毒药。经皮或呼吸道吸入毒性较小，可用清水或肥皂水冲洗，口服中毒则需催吐、洗胃（2%～4%碳酸氢钠溶液）。流涎、腹泻可用适量阿托品静脉注射以解除平滑肌痉挛、分泌物增多等症状。

# 附　录

## 一、羊的常用疫苗

1. 无毒炭疽芽孢苗

用于预防绵羊炭疽病，绵羊颈部或后腿皮下注射0.5毫升。注射14天后产生免疫力，免疫期为1年。

2. 无毒炭疽芽孢苗（浓缩苗）

用于预防绵羊炭疽病，用时以1份浓缩苗加9份20%氢氧化铝胶液稀释后，绵羊皮下注射0.5毫升。免疫期为1年。

3. 第Ⅱ号炭疽芽孢苗

用于预防绵羊、山羊炭疽病，绵羊、山羊均皮下注射1毫升。注射后14天产生免疫力。免疫期为1年。

4. 布鲁氏杆菌猪型2号菌苗

用于预防山羊、绵羊布氏杆菌病，山羊、绵羊臀部肌内注射0.5毫升（含菌50亿），3个月龄以内的羔羊和怀孕羊均不能注射；饮水免疫时按每只羊内服200亿菌体计算，于2天内分2次饮服。免疫期：绵羊为1.5年，山羊为1年。

5. 布鲁氏杆菌羊型5号弱毒冻干菌苗

用于预防山羊、绵羊布氏杆菌病，用适量灭菌蒸馏水稀释所需的用量。皮下或肌内注射，羊为10亿活菌；室内气雾，每立方米50亿活菌；室外气雾（露天避风处）羊每只剂量50亿活菌。羊可饮用或灌服，每只剂量250亿活菌。免疫期为1.5年。

6. 布鲁氏杆菌无凝集原（M-Ⅲ）菌苗

用于预防绵羊、山羊布氏杆菌病，无论羊只年龄大小（孕羊除外），每只羊皮下注射1毫升（含菌250亿）或每只羊口服2毫升（含菌500亿）。免疫期为1年。

7. 破伤风明矾沉降类毒素

用于预防破伤风，绵羊、山羊各颈部皮下注射0.5毫升。第二年再注射1次，免疫力可持续4年。免疫期为1年。

8. 破伤风抗毒素

紧急预防和治疗破伤风病，皮下或静脉注射，治疗时可重复注射1至数次。预防量：1万~2万单位；治疗量：2万~5万单位。免疫期为2~3周。

9. 羊快疫、猝狙、肠毒血症三联菌苗

用于预防羊快疫、羊猝狙、肠毒血症，临用前每头份干菌用1毫升20%氢氧化铝胶盐水稀释，充分振匀，无论羊的年龄大小，一律肌肉或皮下注射1毫升。免疫期为1年。

10. 羊梭菌病四防氢氧化铝菌苗

用于预防羊快疫、羊猝狙、肠毒血症、羔羊痢疾，无论年龄大小，一律肌肉或皮下注射5毫升。免疫期为0.5年。

11. 羊黑疫菌苗

用于预防羊黑疫，皮下注射，大羊3毫升，小羊1毫升。免疫期为1年。

12. 羔羊痢疾灭活菌苗

用于预防羔羊痢疾，怀孕母羊在分娩前20~30天皮下注射2毫升，第二次于分娩前10~20天皮下注射3毫升。免疫期母羊为5个月，乳汁可使羔羊获得被动免疫力。

13. 羊黑疫、快疫混合苗

用于预防黑疫、快疫，羊不论大小，一律皮下或肌内注射3毫升。免疫期为1年。

14. 羊厌气菌氢氧化铝甲醛五联苗

用于预防羊快疫、猝狙、羔羊痢疾、肠毒血症、羊黑疫，羊无论年龄大小，一律皮下或肌内注射 3 毫升。免疫期为 0.5 年。

15. 羔羊大肠杆菌病菌苗

用于预防羔羊大肠杆菌病，3 月龄至 1 岁羊，皮下注射 2 毫升；3 月龄以内的羔羊皮下注射 0.5~1 毫升。免疫期为 0.5 年。

16. C 型肉毒梭菌苗

用于预防羊肉毒梭菌中毒症，绵羊、山羊颈部皮下注射 4 毫升。免疫期为 1 年。

17. C 型肉毒梭菌透析培养菌苗

用于预防羊 C 型肉毒梭菌中毒症，用生理盐水稀释，每毫升含原菌液 0.02 毫升，羊颈部皮下注射 1 毫升。免疫期为 1 年。

18. 山羊传染性胸膜肺炎氢氧化铝苗

用于预防山羊传染性胸膜肺炎，山羊皮下或肌内注射，6 个月龄山羊 5 毫升，6 个月龄以内羔羊 3 毫升。免疫期为 1 年。

19. 羊肺炎支原体氢氧化铝灭活苗

用于预防山羊和绵羊由肺炎支原体引起的传染性胸膜炎，颈侧皮下注射，成羊 3 毫升，6 个月以内羊 2 毫升。免疫期为 1.5 年。

20. 羊流产衣原体油佐剂卵黄囊灭活苗

用于预防羊衣原体性流产，注射时间应在羊怀孕前或怀孕后 1 个月内进行，每只羊皮下注射 3 毫升。免疫期为 1 年。

21. 羊痘鸡胚弱毒苗

用于预防绵羊、山羊痘病，用生理盐水 25 倍稀释，振匀，不论羊大小，一律皮下注射 0.5 毫升。注射后 6 天产生免疫力，免疫期为 1 年。

22. 羊口疮弱毒细胞冻干苗

用于预防绵羊、山羊口疮病，按每瓶总头份计算，每头份加生理盐水 0.2 毫升，在阴暗处充分摇匀，采取口唇黏膜注射法，每只羊于口唇黏膜内注射 0.2 毫升，注射是否正确，以注射处呈透明发亮的水泡为准。免疫期为 5 个月。

23. 狂犬病疫苗

用于预防狂犬病，皮下注射，羊 10~25 毫升，如羊已被病畜咬伤时，可立即用本苗注射 1~2 次，两次间隔 3~5 天，以作紧急预防。免疫期为 1 年。

24. 牛、羊伪狂犬病疫苗

预防羊伪狂犬病，山羊颈部皮下注射 5 毫升，本苗冻结后不能使用。免疫期为 0.5 年。

25. 羊链球菌氢氧化铝菌苗

预防绵羊、山羊链球菌病，背部皮下注射，6 个月龄以上羊每只 5 毫升；6 个月龄以下羊 3 毫升；3 个月龄以下的羔羊，第一次注射后，最好到 6 个月龄以后再注射 1 次，以增强免疫力，免疫期为 0.5 年。

26. 羊链球菌弱毒菌苗

预防羊链球菌病，用生理盐水稀释，气雾菌苗用蒸馏水稀释，每只羊尾部皮下注射 1 毫升（含 50 万活菌），0.5~2 周岁羊减半。露天气雾免疫，每只羊按 3 亿活菌，室内气雾免疫每只按 3 000万活菌计算（每平方米 4 只羊计 1.2 亿菌），免疫期为 1 年。

27. 小反刍兽疫弱毒冻干疫苗

用于预防小反刍兽疫，临用前用生理盐水稀释为每头份 1 毫升，充分振匀，无论羊的年龄大小，一律肌内或皮下注射 1 毫升，免疫期为 3 年。

28. 牛口蹄疫 O 型、A 型双价灭活疫苗

用于预防牛、羊 O 型、A 型口蹄疫，肌内注射，1 岁以上羊，每只 2 毫升；1 岁以下羊，每只 1 毫升。

## 二、常备化学药物

### （一）抗生素类

1. 青霉素 G 钠盐、青霉素 G 钾盐、氨苄青霉素

对革兰氏阳性菌引起的感染有效，用于乳房炎、炭疽、肺炎、子

宫炎、败血症、菌血症和创伤感染等。肌内注射。注射剂：20 万、40 万、80 万单位/瓶或支，20 万~40 万单位/次，每日 2~3 次。

2. 硫酸链霉素、硫酸双氢链霉素

革兰氏阴性菌引起的感染，用于结核病、肠道感染、泌尿道感染、肺炎、败血症等。肌内注射。注射剂：1 克（100 万单位）/瓶，2 克（200 万单位）/瓶。0.5~1 克/次。

3. 硫酸庆大霉素

用于金黄色葡萄球菌、绿脓杆菌、大肠杆菌等引起的败血症、肺炎、腹膜炎、尿路感染等。肌内注射。注射剂：20 毫克（4 万单位）/支、80 毫克（8 万单位）/支。80 万~160 万单位/次，每日 2 次。

4. 卡那霉素

抗菌谱与链霉素相似，对大多数革兰氏阴性菌，如大肠杆菌、痢疾杆菌、变形杆菌等，有较好疗效。注射剂：0.5 克（50 万单位）/支、1 克（100 万单位）/支、2 克（200 万单位）/支。10~15 毫克/千克体重，每日 2 次。

### （二）磺胺类药物

1. 磺胺粉（SN）

创伤感染，外用，粉剂：5 克/包。

2. 磺胺嘧啶钠注射液

细菌感染，用于脑炎、肺炎、巴氏杆菌病、腹膜炎、子宫炎、乳房炎。肌内、静脉注射。注射剂：10%溶液，以 0.15 毫升/千克体重剂量肌内注射，每日 2 次。

3. 磺胺甲氧嗪胺（SMP、长效磺胺）

抑菌作用与磺胺嘧啶大致相同，特点是排泄慢、药效维持时间长。口服。片剂：0.5 克/片；开始量：每日 0.15 克/千克体重；维持量：每日 0.05 克/千克体重，每日 1 次。

4. 磺胺脒（SG、磺胺胍、止痢片）

细菌性肠炎。口服。片剂：0.5 克/片；开始量：每次 0.2 克/千克体重；维持量：每次 0.1 克/千克体重，每日 2 次。

### （三）解热镇痛药

1. 安乃近注射液

解热、镇痛、抗风湿，用于感冒发热、关节痛、风湿症和疝痛。肌内注射。注射剂：30%20 毫升/支，5~10 毫升/次，每日 2 次。

2. 复方氨基比林注射液（安痛定）

用于肌肉、关节、神经痛。注射剂包装规格有 5×10 毫升、5×20 毫升两种，以 5~10 毫升/次进行肌内注射。

### （四）中枢兴奋及强心药

1. 尼克刹米注射液（可拉明）

具有兴奋呼吸中枢神经的作用，用于呼吸抑制或血管性虚脱及外伤手术后的休克。皮下、肌内注射。注射剂：1.5 毫升（0.375 克）/支，1.5~3 毫升/次。

2. 樟脑磺酸钠注射液

兴奋中枢、强心，用于心脏衰弱、虚脱、呼吸困难。肌内、皮下注射。注射剂：10% 1 毫升/支、10% 2 毫升/支，5~10 毫升/次。

### （五）消化系统用药

1. 人工盐

用于消化不良、便秘等。口服。粉剂：500 克/袋，健胃：10~30 克/次，缓泻：50~100 克/次。

2. 硫酸钠或硫酸镁

用于瘤胃积食、瓣胃阻塞、便秘等。口服。粉剂：500 克/袋，50~100 克/次。

3. 液体石蜡（石蜡油）

用于瘤胃积食、瓣胃阻塞、便秘等。口服。500 毫升/瓶，100~300 毫升/次。

4. 二甲基硅油或消胀片

用于瘤胃泡沫性臌气。口服。配成 2% 的酒精或煤油溶液，10~15 毫升/次。

5. 次硝酸铋（碱式硝酸铋）

保护胃肠黏膜，有收敛止泻作用，用于急慢性腹泻。口服。散剂：500 克/瓶、1 000克/瓶，6~15 克/次。

6. 龙胆酊

苦味健胃药，增加胃液分泌，刺激胃肠蠕动，口服。酊剂：500 毫升/瓶，6~20 毫升/次。

7. 鱼石脂

为浓稠液体，包装规格为 500 克/瓶，用于瘤胃臌气。口服剂量为 2~6 克/次，每日 1~2 次。

### （六）镇咳祛痰药

1. 复方甘草合剂

镇咳、祛痰、平喘，用于支气管炎。口服。10~20 毫升/次。

2. 复方咳必清

用于呼吸道急性炎症、剧烈干咳。口服。20~30 毫升/次。

3. 氯化铵（卤砂）

增加呼吸道分泌，使气管内分泌物变稀、易于咳出，也有利尿作用。口服。散剂：500 克/瓶，2~3 克/次，每日 2~3 次。

### （七）止血药

1. 维生素 $K_3$ 注射液

大出血及毛细血管出血、产后出血等，也可作为手术预防出血用。肌内注射。注射剂：0.4%10 毫升（4 毫克）/支、0.4%10 毫升（40 毫克）/支，2~10 毫克/次。每日 2 次。

2. 止血敏注射液（羧苯磺乙胺）

大出血及毛细血管出血，产后出血等，也可作为手术预防出血用。肌内、静脉注射。注射剂：25%2 毫升/支，2~4 毫升/次。

### （八）维生素类药

1. 维丁胶性钙注射液

预防或治疗羔羊佝偻病、成羊骨软症和营养不良。肌内、皮下注射。注射剂：10毫升/瓶、20毫升/瓶，2~3毫升/次，每日1次。

2. 维生素C（抗坏血酸）

减少毛细血管渗透性和脆性，增强抗感染能力。用于维生素C缺乏症、血斑病、传染病、溃疡病等。肌内、静脉注射。注射剂：2毫升（0.1克）/支、2毫升（0.25克）/支，0.1~0.5克/次，每日2次。

### （九）子宫收缩和激素药

1. 催产素

用于母羊分娩无力、产后子宫出血，产后立即注射，可预防胎衣不下。皮下、肌内注射。注射剂：1毫升（5单位）/支、1毫升（10单位）/支，5~20单位/次，必要时4小时后重复用药1次。

2. 乙烯雌酚

促进母羊发情，治疗胎衣不下、子宫内膜炎、子宫蓄脓。肌内注射。注射剂：1毫升（5毫克）/支、1毫升（3毫克）/支，1~3毫克/次。

### （十）大输液用药

1. 等渗（0.9%）氯化钠注射液

用于脱水、失血时补充体液及促进各种中毒病的毒物排出，外用冲洗伤口或黏膜炎症。静脉注射。注射剂：0.9%，500毫升/瓶，200~400毫升/次，每日1~2次。

2. 复方氯化钠注射液（林格氏液）

用于脱水、失血时补充体液及各种中毒病，促进毒物排出，外用冲洗伤口或黏膜炎症。静脉注射。注射剂：0.9%，500毫升/瓶，200~400毫升/次，每日1~2次。

3. 高渗氯化钠注射液

补充氯化钠，提高渗透压，促进胃肠蠕动，用于前胃弛缓、瓣胃阻塞。静脉注射。注射剂：10%，500毫升/瓶，20~40毫升/次，每日1次。

4. 5%~10%葡萄糖注射液

补液、解毒、排毒、供给能量、强心。静脉注射。注射剂：500毫升/瓶，200~400毫升/次。

5. 碳酸氢钠注射液

用于缓解酸中毒、肺炎等，增加机体抵抗力。静脉注射。注射剂：5%，250毫升/瓶，50~100毫升/次。

6. 葡萄糖酸钙注射液

钙代谢紊乱的骨软症、佝偻病、产期瘫痪、出血性疾病、炎症、荨麻疹等。静脉注射。注射剂：10%，20毫升/支、100毫升/支、50毫升/支、5~15克/次，每日1次。

（十一）驱杀虫类药

1. 丙硫苯咪唑

广谱驱虫药，对多种线虫、绦虫、吸虫均有驱除作用，高效低毒。口服。粉剂、片剂。线虫和绦虫：5~10毫克/千克体重；吸虫：10~20毫克/千克体重。

2. 阿维菌素

广谱驱虫药，对多种体外寄生虫螨、虱、蝇蛆及多种线虫有驱杀作用，高效低毒。皮下注射或口服。注射剂、粉剂、胶囊剂、片剂：1%，5毫升、20毫升/瓶，0.2毫克/千克体重。间隔4~7天用药2次。

3. 伊维菌素

广谱高效抗寄生虫药，对各种线虫、昆虫和螨均具有驱杀活性，高效低毒。剂型为1%的注射剂，治疗时以0.2毫克/千克体重进行皮下注射，间隔4~7天用药2次。

4. 多拉菌素

广谱高效抗寄生虫药，对体内线虫和体外节肢昆虫具有驱杀活性，高效低毒。剂型为1%的注射剂，治疗时以0.2毫克/千克体重进行皮下注射。

5. 三氯苯咪唑（肝蛭净）

对各期肝片吸虫有特效，但对线虫无效。主要用于驱除羊的肝片吸虫、大片吸虫和前后盘吸虫。制剂为丸剂，规格有200毫克和900毫克两种，剂量为10毫克/千克体重。

6. 氯氰碘柳胺

氯氰碘柳胺是一种广谱、高效、低毒驱虫药，对多数吸虫的成虫和童虫具有杀灭作用，对胃肠道线虫及节肢动物的幼虫均具有驱杀作用，可用于这些寄生虫病的治疗和预防。制剂有片剂和注射剂，规格分别为500毫克/片和5%浓度的液体，内服剂量为10毫克/千克体重，注射剂量为5毫克/千克体重皮下注射。

7. 吡喹酮

为血吸虫病特效治疗药物，对各种绦虫的成虫和未成熟虫体均具有较好的效果，但对线虫无效。主要制剂为片剂，口服剂量为20毫克/千克体重。

8. 溴氰菊酯（敌杀死）

对各种外寄生虫，如蜱、虱、蚊、羊鼻蝇及螨均具有杀灭作用。主要制剂为1%的乳剂，药浴或喷淋的用量为每千克水加该药1毫升。

9. 贝尼尔（三氮脒，血虫净）

为泰勒虫病和巴贝斯虫病治疗的特效药，主要制剂为粉针剂，应用时用蒸馏水配成5%溶液进行以每千克体重3~5毫克肌内注射，每日1次，连用2天。

### （十二）外用消毒药

1. 医用酒精（乙醇）

皮肤创伤消毒。外用。70%~75%乙醇水溶液。

2. 碘酊

皮肤、创伤消毒。外用。2%~5%碘酊，500毫升/瓶。

3. 煤酚皂溶液（来苏儿）

皮肤、手臂、创面、器械消毒，可驱除体表虱、蚤、螨等；喷洒用于圈舍、环境消毒。外用喷洒。溶液：2%~5%，500毫升/瓶

4. 高锰酸钾

强氧化剂，以0.05%~0.1%水溶液洗涤，用于口炎、咽炎、直

肠炎、阴道炎、子宫炎及深部化脓疮等。外用冲洗。结晶体，瓶装，禁与酒精、甘油、糖、鞣酸等有机物或易被氧化的物质合用。

5. 双氧水（过氧化氢溶液）

为氧化剂，对各种繁殖型微生物有杀灭作用，但不能杀死芽孢及结核杆菌，用于清洗化脓性疮口，冲洗深部脓肿。外用。溶液：2.5%~3.5%，500毫升/瓶。

6. 新洁尔灭

配成0.05%~0.1%水溶液，用于手术前手臂消毒、皮肤黏膜和器械浸泡消毒；0.15%~0.2%用于圈舍喷雾消毒。外用喷雾。溶液：2%、5%、10%，500毫升/瓶、1 000毫升/瓶，本品不能与肥皂、合成洗涤剂及盐类物质接触，宜现用现配。

### （十三）常用环境消毒药

1. 氢氧化钠（烧碱、火碱、苛性钠）

对细菌和病毒均有强大杀灭力，对细菌芽孢、寄生虫卵也有杀灭作用。常用2%~3%溶液来消毒出入口、运输用具、料槽等。但对金属、油漆物品均有腐蚀性，用清水冲洗后方可使用。

2. 石灰乳

先用生石灰与水按1：1比例制成熟石灰后再用水配成10%~20%的混悬液用于消毒，对大多数繁殖型病菌有效，但对芽孢无效。可涂刷圈舍墙壁、畜栏和地面消毒。应该注意的是单纯生石灰没有消毒作用，放置时间长从空气中吸收二氧化碳变成碳酸钙则消毒作用失效。

3. 氧乙酸

市场出售的为20%溶液，有效期半年，杀菌作用快而强，对细菌、病毒、霉菌和芽孢均有效。现配现用，常用0.3%~0.5%浓度作喷洒消毒。

4. 次氯酸钠

用0.1%的浓度带畜禽消毒，常用0.3%浓度作羊舍和器具消毒。宜现配现用。

5. 漂白粉

含有效氯25%~30%，用5%~20%混悬液对厩舍、饲槽、车辆等喷洒消毒，也可用干粉末撒地。对饮水消毒时，每100千克水加1克漂白粉，30分钟后即可饮用。

6. 强力消毒灵

是目前最新、效果最好的杀毒灭菌药。强力、广谱、速效，对人畜无害、无刺激性与腐蚀性，可带畜禽消毒。只需0.1‰的浓度，便可以在2分钟内杀灭所有致病菌和支原体，用0.05%~0.1%浓度在5~10分钟内可将病毒和支原体杀灭。

7. 百毒杀

配制成0.03‰的浓度，用于圈舍、环境、用具的消毒。本品低浓度杀菌，持续7天杀菌效力，是一种较好的双链季铵盐类广谱杀菌消毒剂，无色、无味、无刺激和无腐蚀性。

8. 福尔马林

为含37%~40%甲醛的水溶液，有广谱杀菌作用，对细菌、真菌、病毒和芽孢等均有效，在有机物存在的情况下也是一种良好消毒剂；缺点是具有刺激性气味，对羊群和人影响较大。常以2%~5%的水溶液喷洒墙壁、羊舍地面、料槽及用具消毒；也用于羊舍熏蒸消毒，按每立方米空间用福尔马林30毫升，加高锰酸钾15克，室温不低于15℃，相对湿度70%，关好所有门窗，密封熏蒸12~24小时。消毒完毕后打开门窗，除去气味即可。

## 三、山羊和绵羊的各种生理常值

**体温、脉搏、呼吸及瘤胃蠕动次数**

| 项目 | 绵羊 | | | 山羊 | | |
|---|---|---|---|---|---|---|
| | 羔羊 | 3~12月 | 成年 | 羔羊 | 3~12月 | 成年 |
| 体温（℃） | 38.3~40.0 | 38.5~39.9 | 38.3~39.9 | 38.1~39.8 | 38.4~39.5 | 38.1~38.8 |

（续表）

| 项目 | 绵羊 | | | 山羊 | | |
|---|---|---|---|---|---|---|
| | 羔羊 | 3~12 月 | 成年 | 羔羊 | 3~12 月 | 成年 |
| 脉搏（次/分） | 90~125 | 85~113 | 70~85 | 98~130 | 88~127 | 62~88 |
| 呼吸（次/分） | 20~38 | 18~22 | 12~18 | 20~39 | 17~22 | 14~17 |
| 瘤胃蠕动（次/2 分） | 4~8 | 3.6~4.0 | 2.8~4.0 | 4~8 | 3.6~4.0 | 2.8~4.0 |

## 繁殖生理指标

| 项目 | 数值 | |
|---|---|---|
| | 绵羊 | 山羊 |
| 性成熟年龄（月） | 早熟品种 4~6<br>晚熟品种 6~10 | 4~6 |
| 体成熟年龄（月） | 早熟品种 8~10<br>晚熟品种 12~15 | 8~12 |
| 衰老期（年） | 13~15，实际不超过 7~8 | 10~11 |
| 发情周期（天） | 14~19，平均 17 | 16~26 |
| 发情季节 | 分全年发情和秋季、春季发情 | 夏末、秋、冬 |
| 发情持续期（天） | 1~2 | 1~3 |
| 排卵时间 | 发情快结束时 | 发情期末 |
| 产后第一次发情（天） | 25~46 | 14~47 |
| 妊娠期（天） | 143~165 | 143~165 |
| 产羔间隔（天） | 154~341 | 154~341 |
| 胎产羔数（只） | 1~4 | 1~3 |
| 分娩持续时间（分） | 20~40 | 20~40 |
| 双胎产出间隔时间（分） | 30~50 | 30~60 |
| 胎衣排出时间（小时） | 1~2 | 1~3 |
| 羊水（mL） | 500~1 200 | 400~1 200 |
| 公羊每天可交配次数 | 3~4 | 2~4 |
| 公羊射精量（mL） | 0.7~2 | 0.8~2 |

## 血液生化常值

| 项目 | 绵羊 | | 山羊 | |
|---|---|---|---|---|
| | 范围 | 平均值 | 范围 | 平均值 |
| 红细胞（RBC）（$10^6$/μL） | 9～15 | 11.5 | 8～18 | 13 |
| 血红蛋白（Hb）（g/dL） | 9～15 | 11.5 | 8～12 | 10 |
| 红细胞压积（PCV）（%） | 27～45 | 35 | 22～38 | 28 |
| 血小板计数（N×$10^3$/μL） | 205～705 | 500 | 300～600 | 450 |
| 白细胞计数（WBS）（n/μL） | 4 000～12 000 | | 4 000～13 000 | |
| 单核细胞（%）（n/μL） | 0～750 | 200 | 0～550 | 250 |
| 淋巴细胞（%）（n/μL） | 2 000～9 000 | 5 000 | 2 000～9 000 | 5 000 |
| 嗜酸性粒细胞（%）（n/μL） | 0～1 000 | 400 | 50～650 | 450 |
| 嗜碱性粒细胞（%）（n/μL） | 0～300 | 50 | 0～120 | 50 |
| 中性粒细胞（%）（n/μL） | 700～6 000 | 2 400 | 1 200～7 200 | 3 250 |
| 血浆蛋白（g/dL） | 6～7.5 | | 6～7.5 | |
| 纤维蛋白原（毫克/dL） | 100～500 | | 100～400 | |
| 白蛋白（g/dL） | 2.4～3.0 | | 2.7～3.9 | |
| 球蛋白（g/dL） | 3.5～5.7 | | 2.7～4.1 | |
| 葡萄糖（mg/dL） | 50～80 | | 50～75 | |
| 钙（mg/dL） | 11.5～12.8 | | 8.9～11.7 | |
| 磷（mg/dL） | 5.0～7.3 | | 4.2～9.1 | |
| 镁（mg/dL） | 2.2～2.8 | | 2.8～3.6 | |
| 钠（mmol/L） | 139～152 | | 142～155 | |
| 氯（mmol/L） | 95～103 | | 99～110.3 | |
| 钾（mmol/L） | 3.9～5.4 | | 3.5～6.7 | |

# 参考文献

[1] 孔繁瑶. 家畜寄生虫学（修订版）[M]. 北京：农业出版社，2000.
[2] 陈怀涛. 牛羊病诊治彩色图谱 [M]. 第2版. 北京：中国农业出版社，2010.
[3] 陈怀涛. 羊病诊治原色图谱 [M]. 北京：中国农业出版社，2017.
[4] 张继瑜，殷宏，邓立新. 肉牛兽医手册 [M]. 北京：中国农业科学技术出版社，2015.
[5] 张西臣，李建华. 动物寄生虫病学 [M]. 北京：中国科学出版社，2010.
[6] Anne M. Zajac，Gary A. Conboy 主编，殷宏，罗建勋，朱兴全，蔡建平，刘光远 主译. 兽医临床寄生虫病学 [M]. 北京：中国农业出版社，2015.
[7] 王俊菊，杨晓伟，张漫. 精编兽药实用指南 [M]. 北京：中国农业出版社，2013.
[8] 童琴英. 羊放线菌病的诊断和防控措施 [J]. 养殖与饲料，2017（04）：61-62.
[9] 陈红，方英，徐春志，袁翠霞，景书灏. 羊布氏杆菌病的研究进展 [J]. 饲料与畜牧，2017（20）：53-54.
[10] 林淑娟. 羊副结核病的诊断和防控措施 [J]. 畜牧兽医科技信息，2017（02）：45.
[11] 李玲彬，杨琦. 羊传染性胸膜肺炎防治措施 [J]. 中国畜禽种业，2017，13（12）：123.
[12] 沈正达. 羊病防治手册 [M]. 北京：金盾出版社，2002.

[13] 徐桂芳．肉羊饲养技术手册［M］．北京：农业出版社，2003.
[14] 丛明善．畜禽常见传染病防治技术［M］．北京：中国农业科技出版社，2004.
[15] 林矫矫，沈杰．畜禽寄生虫病防治技术［M］．中国农业科技出版社，2004.
[16] 张仲秋，郑明．畜禽药物使用手册［M］．北京：中国农业大学出版社，2000.
[17] 刘宗平．动物中毒病学［M］．北京：中国农业出版社，2006.
[18] 刘湘涛，张强，郭建宏．口蹄疫［M］．北京：中国农业出版社，2015.
[19] Wyatt HV. Lessons from the history of brucellosis［J］. Rev Sci Tech. 2013，32（1）：17–25.
[20] John G. Matthews. Diseases of The Goat，4th Edition［M］. Wiley–Blackwell，1–424.
[21] Bundle DR，McGiven J. Brucellosis：Improved Diagnostics and Vaccine Insights from Synthetic Glycans. Acc Chem Res. 2017，50（12）：2958–2967.
[22] Tedla M，Gebreselassie M. Estimating the proportion of clinically diagnosed infectious and non–infectious animal diseases in Ganta Afeshum woreda，Eastern Tigray zone，Ethiopia. BMC Res Notes. 2018，11（1）：29.
[23] Tharwat M，Al – Sobayil F. Ultrasonographic findings in goats with contagious caprine pleuropneumonia caused by Mycoplasma capricolum subsp. capripneumoniae. BMC Vet Res. 2017，13（1）：263.
[24] Wood ME，Fox KA，Jennings – Gaines J，Killion HJ，Amundson S，Miller MW，Edwards WH. How Respiratory Pathogens Contribute to Lamb Mortality in a Poorly Performing Bighorn Sheep（Ovis canadensis）Herd. J Wildl Dis. 2017，53（1）：126–130.